上海大学出版社

2005年上海大学博士学位论文 24

U0358919

软开关三相PWM 变流技术研究

- 作者：屈克庆
- 专业：电力电子与电力传动
- 导师：陈国呈

2005 年上海大学博士学位论文　24

软开关三相 PWM
变流技术研究

作　　者：屈克庆

专　　业：电力电子与电力传动

导　　师：陈国呈

上海大学出版社

· 上海 ·

Shanghai University Doctoral
Dissertation（2005）

Research on the Soft-Switching Three-phase PWM Converter Technique

Candidate：Qu Keqing
Major：Power Electronics and Power Drive
Supervisor：Prof. Chen Guocheng

Shanghai University Press
· Shanghai ·

上 海 大 学

　　本论文经答辩委员会全体委员审查,确认符合上海大学博士学位论文质量要求.

答辩委员会名单:

主任: 严陆光　　院士,中国科学院电工研究所　　　　100080

委员: 施硕椒　　教授,上海交通大学电力学院　　　　200030

　　　江建中　　教授,上海大学自动化系　　　　　　200072

　　　潘俊民　　教授,上海交通大学电力学院　　　　200030

　　　陶生桂　　教授,上海同济大学沪西电气系　　　200333

导师: 陈国呈　　教授,上海大学　　　　　　　　　　200072

评阅人名单：

严陆光	教授,中国科学院电工研究所	100080
徐德鸿	教授,浙江大学电力电子所	310027
潘俊民	教授,上海交通大学电力学院	200030

评议人名单：

陶生桂	教授,上海同济大学沪西电气系	200333
张仲超	教授,浙江大学电气学院	310027
江建中	教授,上海大学自动化系	200072
李树广	教授,上海交通大学电信学院自动化系	200030
周国兴	教授,上海同济大学电气工程系	200092
花宗正	研究员级高工,上海电器科学研究所	200062

答辩委员会对论文的评语

降低谐波污染、提高功率因数和抑制电磁干扰是近年来电力电子与电力传动学科关注的热点之一.论文选题目的性明确,有前瞻性、新颖性,具有重要意义和应用价值.论文的主要成果如下:

1. 提出了一种三相直流环节谐振脉宽调制变流器拓扑,具有结构简单、控制方便、成本低、功率密度高等优点.分析了该电路拓扑的工作原理和动作模式,建立了系统的数学模型及其控制策略.

2. 分析并实现了三相脉宽调制变流器幅相调节方法,实现了变流器功率因数可调控制(包括单位功率因数控制).

3. 提出了一种适合于三相脉宽调制整流的电流前馈控制方法,有效地提高了系统的动态响应性能.

4. 深入分析了幅相调节方式中的控制角、功率因数角、最大负载能力、最大回馈能力、系统传输功率和稳定性、稳定区间等的关系,给出了定量描述的数学表达式.

5. 合理地应用了正负斜率交替的锯齿载波的脉宽调制方法,提出了无电流传感器的相电流极性检测与电流波形补偿的方法,有效地实现了软开关脉宽调制整流和逆变,并在实验平台上进行了验证.

6. 为进一步提高变流器效率,提出了一种结构简化的辅助谐振变换极三相脉宽调制变流器拓扑,进行了理论分析与仿真验证.

论文立论正确、条理清晰、论述严谨、内容翔实,理论与实践相结合,取得了创新成果.可以看出,屈克庆同学在电力电子与电力传动学科具有坚实宽广的理论基础和系统深入的专业知识,具有独立从事科学研究的能力.答辩中,阐述清楚,回答问题正确.答辩委员提出的意见供修改论文时参考.

答辩委员会表决结果

　　经答辩委员会表决,全票同意通过屈克庆同学的博士学位论文答辩,建议授予工学博士学位.

答辩委员会主席: 严陆光

2004 年 10 月 29 日

摘　要

电力电子整流装置的广泛深入应用,特别是朝着高频化和大功率化发展,引起了谐波污染、无功功率损耗、电磁干扰等很多负面效应.对传统的二极管或晶闸管整流装置进行改造显得很有必要.与设置谐波补偿装置和无功补偿装置集中解决谐波污染和无功功率损耗问题相比,软开关 PWM 变流技术更适合于实现各分散用户的电网治理(包括谐波污染、无功功率补偿、电磁干扰),在新能源开发和利用上也很有应用前景,是一种较为积极的节能降耗技术.软开关 PWM 变流技术是近年来电力电子技术与电力传动领域颇受关注的热点之一.

有关软开关 PWM 变流技术的研究主要集中在主电路拓扑结构、数学建模、系统性能、控制策略等方面.论文主要对软开关 PWM 变流技术进行研究,探索新型软开关变流器及其控制策略.

在总结三相 PWM 变流器拓扑结构及其控制策略的基础上,提出了一种新颖的三相直流环节谐振 PWM 变流器拓扑,深入分析了该拓扑结构的工作机理,建立起相应的数学模型,确立了各工作模式、等效电路、谐振的工作条件.

提出了一种实现单位功率因数的相量调节方式,并将其应用在功率因数可调的变流控制上.通过建立系统低频数学模型,分别在顺变和逆变状态下,探讨系统实现单位功率因数、从电网吸收或回馈容性、感性无功功率的动态调节过程.分析了

控制角 α、受控的功率因数角 φ、最大负载能力、最大回馈电网电能与调制深度 M、负载、电感量之间的关系,研究了变流器的工作区间.

为提高系统的动态响应性能,提出了一种适合于三相 PWM 整流的电流前馈控制方法,对这种电流前馈控制方式进行了原理分析和数学推导.探讨了系统的传输功率和稳定性问题,给出了传输功率与控制角 α、调制深度 M 的关系,分析了系统稳定性问题中的功率因数角 φ 与控制角 α 的关系、控制角 α 的临界值,以及直流母线电压 E_d 与控制角 α、调制深度 M 的关系.

在具体实现软开关三相 PWM 变流调制方法上,提出了采用正负斜率交替的锯齿载波的 PWM 调制方法,与采用传统的三角载波相比较,说明了该方式的优点.由于需要根据电流极性来选择锯齿载波,并且在电流极性翻转处会引起某种电流失真,提出了一种无传感器电流极性检测与电流补偿方法.分析了直流环节谐振三相高功率因数 PWM 变频系统的工作原理和控制方案.

理论仿真和实验研究表明:本变流器系统电流谐波含量小、正弦度好,能实现单位功率因数或功率因数可调的运行、能量双向流动、输出直流电压可调、动态性能好,能抑制电磁干扰.本成果已成功应用于台达科教发展基金项目"高功率因数软开关 PWM 变频器"上.

作为该自然科学基金项目的延续和发展,论文从提高变流系统效率考虑,进一步提出了一种结构相对简单的辅助谐振变换极三相 PWM 变流器拓扑.分析了该 ARCP 变流器产生零电压谐振的工作模式,并对谐振电路和谐振条件进行了数学解析,给出了 PWM 控制方式,仿真结果表明上述理论分析的正确性.

关键词 零电压软开关,三相 PWM 变流器,直流环节谐振,辅助谐振变换极,功率因数

Abstract

With the widespread and in-depth application of power electronics rectifier devices, especially toward to high frequency and high power fields, it brings many negative effects such as harmonic pollution, loss of reactive power, electromagnetic interference (EMI), therefore it is necessary to renovate the conventional diode and thyristor rectifiers. Comparing with installing harmonic compensator and var compensator to centralize solving the problems of harmonic pollution and loss of reactive power, the soft-switching PWM converter technique is more suit for decentralized consumer to harness power supply (including harmonic pollution, loss of reactive power and EMI), it also has a more promising application for development and utilization of new energy resources, and is considered as a more active technique for energy-saving. The soft-switching PWM converter technique is one of most concerned objects in the field of power electronics and motor drive.

Research on soft-switching PWM converter technique mainly concentrates on topology of main circuit, mathematic model building, system performance, control strategy and etc. This paper mainly study the soft-switching PWM converter technique, and search for the novel soft-switching converter and its control strategy.

On the foundation of summarization for the topologies of three-phase PWM converter and their control strategy, a novel topology for three-phase resonant DC link (RDCL) converter is present, its operating principle is analyzed in details and its mathematical model is built, its operating modes, equivalent circuit and working conditions for the resonance are described.

A phasor adjusting method for realizing unity power factor is proposed, and it is applied in variable power factor for converter control. By building the low frequency model of the system, in the rectifying mode and regenerating mode, the dynamic adjusting procedure of realization for unity power factor, absorbing or regenerating capacitive reactive power, inductive reactive power from or to power grid are investigated. The relations among the control angle α, the controlled power factor angle φ, the maximum load, the maximum regenerating power and modulation index M, load, inductance are analyzed. The operating area of converter is investigated.

To improve the dynamitic feature of system, a current feedforward control strategy for rectifying mode is proposed, its operating principle is analyzed and mathematical formula is deduced. The transmitted power and stability of system are investigated. The relations between transmitted power and control angle α, modulation index M are given. On stability of system the relations among power factor angle φ and control angle α, critical value of control angle α, and the relations among DC-bus voltage Ed and control angle α, modulation index M are analyzed.

On investigating the realization of the soft-switching PWM converter technique, some strategies are put forward. The modulation method that adopts the saw-tooth carrier with alternative positive and negative slopes is proposed, compared with the conventional triangular carrier its advantages are described. Owing to it is necessary to choose saw-tooth carrier according to current polarity and there are some distortion at the time for the reversal of current polarity for system, a sensor-less current polarity detection and current compensation strategy is present. The operating principle and control strategy for a RDCL three-phase high power factor PWM inverter system are investigated.

Simulations and experimental results demonstrate that in the converter system the current harmonic content is small and current wave is well sinusoidal, the converter can work with unity power factor or variable power factor, bidirectional flow of energy, regulative output constant DC voltage, well dynamitic feature and restraining EMI. The research findings have been successfully applied in the project "A High Power Factor ZVS PWM Inverter" supported by Delta Power Electronics Research & Education Foundation.

As the continuation and development of the project of National Nature Science Foundation and for improving the system efficiency, a novel topology for three-phase auxiliary resonant commutated pole（ARCP）converter is present. The PWM control strategy and zero-voltage resonant working modes are analyzed，a mathematical model for the resonant circuit is built and the relevant resonant conditions are deduced. Simulation results show that the system can realize zero-voltage switching with a unity power factor work.

Key words   ZVS，Three-phase PWM Converter，RDCL，ARCP，Power Factor

目　　录

第一章　绪论 ……………………………………………… 1

  1.1　研究背景 ……………………………………………… 1

  1.2　三相 PWM 变流技术及其软开关技术研究 …………… 4

  1.3　主要工作及意义 ……………………………………… 19

第二章　三相直流环节谐振 PWM 变流技术 ……………… 22

  2.1　主电路结构和谐振分析 ……………………………… 22

  2.2　谐振工作模式分析及数学解析 ……………………… 26

  2.3　仿真和实验研究 ……………………………………… 31

  2.4　小结 …………………………………………………… 33

第三章　基于幅相控制的 PWM 变流技术 ………………… 35

  3.1　实现单位功率因数的相量调节方式 ………………… 35

  3.2　电流前馈控制方式 …………………………………… 45

  3.3　实现可调功率因数的相量调节方式 ………………… 47

  3.4　系统传输功率与稳定性的分析 ……………………… 55

  3.5　仿真研究 ……………………………………………… 58

  3.6　实验研究 ……………………………………………… 62

  3.7　小结 …………………………………………………… 72

第四章　软开关三相 PWM 变流器的实现 ………………… 74

  4.1　PWM 调制方法 ……………………………………… 75

4.2 电流极性的检测 ································ 77

4.3 电流补偿 ···································· 81

4.4 实验研究 ···································· 88

4.5 三相直流环节谐振高功率因数 PWM 变频系统 ······· 91

4.6 小结 ······································ 99

第五章 高效率辅助谐振变换极型 PWM 变流技术 ········· 101

5.1 主电路结构和 PWM 控制方式 ·················· 102

5.2 谐振工作模式分析 ························· 105

5.3 谐振数学解析 ···························· 109

5.4 控制系统与仿真研究 ······················· 113

5.5 小结 ····································· 115

第六章 总结与展望 ····························· 116

6.1 总结 ····································· 116

6.2 后续工作展望 ···························· 118

附录 ··· 119

参考文献 ······································ 121

致谢 ··· 132

第一章 绪 论

1.1 研究背景

　　随着电力电子装置的广泛深入应用,特别是电力变换器的高频化和大功率化带来了很多的负面效应,主要反映在谐波污染(Harmonic Pollution)、无功功率损耗(Reactive-load Loss)、电磁干扰(EMI)等三个方面[1~7]. 为此,世界上许多国家和国际组织都已制定了限制谐波和电磁干扰的国家标准和行业标准,其中比较有影响的是 IEEE519 - 1992 和 IEC555 - 2,我国于 1994 年颁发了国家标准《电网质量——公用电网谐波》(GB/T14549 - 93)和电磁干扰防护与兼容标准[8~11]. 2003 年 8 月 1 日起,我国对开关电源、变频空调等家用电器行业强制实施"3C"认证,规定电器产品只有达到电磁兼容标准才能上市.

　　在过去几十年中,围绕以上问题,国内外同行专家进行过许多不懈努力,这些热点大致归结如下[12~14]:

　　1. 谐波污染. 对电网而言,在 AC - DC 环节,多数电力电子装置通过整流器直接与电网相连,常用的整流器采用二极管不控整流或晶闸管相控整流向负载提供能量,造成输入交流侧电压波形与电流波形畸变严重、谐波含量高;对负载而言,在 DC - AC 环节,电力电子装置通过逆变器带动电机,同样也带来谐波. 谐波不仅严重污染电网,还产生电磁干扰(EMI),引发电力系统谐振,使得电器装置过热、振动和噪声. 而且从电网吸收大量无功功率,使得功率因数下降,电能利用率降低.

　　在治理谐波污染方面有两种基本思路:一种是从系统的角度出

发,设置谐波补偿装置以集中解决谐波问题,这对各种谐波源都是适用的.按照所选用元件的属性可分为两种:无源滤波器(PPF)和有源滤波器(APF).无源滤波器是指 LC 滤波器,其结构简单、可靠性高,但只能补偿固定频率的谐波,是目前补偿谐波的主要方式;有源滤波器是一种电力电子装置,通过检测出谐波电流,由补偿装置产生与该谐波电流幅值相等、极性相反的补偿电流,使得电网电流只含基波分量,能够跟踪谐波的变化,其补偿效果不受电网阻抗的影响,目前受到了广泛重视.

另一种是从局部角度出发,对电力电子装置本身进行改造,使输入电流波形为正弦波,谐波含量大大减小甚至不产生谐波,同时可以提高功率因数包括实现功率因数为 1 或可调,这样不但能够最大限度地提高电源的利用率,还可以对系统进行无功补偿,这种方式非常适用于作为主要谐波源的电力电子装置,被称之为高功率因数变流器.从目前的研究状况来看,按照装置特点可分为有几种:多脉冲整流及准多脉冲整流、多电平变流技术、PWM 整流技术、交交变频技术等.

2. 无功功率损耗.在电力系统中,大多数网络元件和负载都是感性的,比如电抗器、架空线、变压器、异步电动机等.感性负载只有吸收无功功率才能正常工作,电力电子装置等非线性装置也要吸收无功功率,特别是相控整流器、相控交流功率调整电路和周波变流器等,这就要求电网在传送有功功率的同时,也能够提供无功功率.但是无功功率的获取只能局限于小范围内,应该在需要消耗无功功率的地方产生.对用电系统和电力电子装置进行无功补偿的作用主要在于:改善系统电压的稳定度、提高电力电子装置的功率因数、降低设备容量、减少功率损耗等.2002 年美国加州的大停电事故,正是由于电网无功功率的影响造成,目前为更多的国家所重视.

有功功率容易被理解,但无功功率尚未获得公认的定义,无功功率补偿应包含基波无功功率补偿和谐波无功功率补偿,后者实际上就是谐波补偿.在通常情况下,无功补偿的目标是对基本无功功率进行补偿,先后出现的无功功率补偿装置有:同步调相机、并联电热器、静止无功补偿装置(SVC)、静止无功发生器(SVG).近几年的发展趋势是静止无功发生器,采用了脉宽调制技术,不仅发出滞后的无功功率,呈电容性,而且可以提供超前的无功功率,呈电感性.

3. 电磁干扰.当电力电子装置在高频、高压和大电流条件下动作时,瞬间的导通和关断会带来过高的 dv/dt、di/dt,产生严重电磁干扰(EMI)现象.这样不但功率器件要承受附加的高电压、大电流应力,还在装置的输入输出引线及周围空间产生尖端放电、高频电磁噪声,造成对周围电气设备产生强烈的干扰.这些都使得系统损耗加大、功率器件寿命减少.

通过在功率开关元件上设置电感或电容储能元件,用以减小开关损耗和电磁干扰.目前有三种方式:(1)由电阻、二极管、电感或电容构成的缓冲电路,因电感或电容的充、放电时间限制,这种缓冲电路不适合用在高频的场合,另外由于所吸收的能量被缓冲器内部的电阻消耗掉,特别是在大容量情况下,其效率下降和发热问题更加不容忽视;(2)采用由附加开关管构成的具有再生能量的缓冲电路,它可以将开关能量先储存起来,然后再回馈到电源.该方式虽然可以提高效率,但也带来了硬件开销大和稳定性不高的缺陷;(3)采用电感和电容,包括寄生电感和电容构成谐振电路,以确保功率开关元件在零电压或零电流条件下动作,即软开关技术.与前面硬开关变换电路加缓冲电路以改善开关动作轨迹的方式不同,软开关技术可以使得器件的开关损耗理论上为零,对于减少开关损耗、抑制电磁干扰等问题具有明显的优势,已成为目前研究的热点.

以上有关谐波污染、无功功率损耗、电磁干扰方面的探索和研究,也是当代电力电子技术面临的挑战与机遇.在电力电子技术中,由于 PWM 整流器可以实现电网交流侧电流正弦化,且运行于单位功率因数或者功率因数可调,谐波含量很小,被称之为"绿色电能变换".由于 PWM 整流器还可以实现能量的双向流动,即不但能实现AC-DC 由交流侧电网向负载传送能量的整流特性,而且能实现 DC-AC 由直流侧向交流侧电网回馈能量的逆变特性,被称之为新型四象限运行的变流器,这样能有效地节约和利用能源.

据有关资料报道[4],在有的发达国家,整流装置所产生的谐波含量约占谐波源分布的近四分之三,由此可见整流装置所带来的谐波污染危害最为严重,对传统整流装置进行改造显得很有必要. 与装设谐波补偿装置和无功补偿装置相比,PWM 变流是一种较为积极的节能降耗的技术,因此越来越受到学术界和工业界的关注和重视.

由于 PWM 变流器在交流侧呈现出受控电流源特性,这种特性使得 PWM 变流器及其控制技术得到了发展和延拓,比如有源电力滤波器(APF)和静止无功发生器(SVG)都是基于 PWM 变流器的拓扑结构和控制策略. PWM 变流技术已被广泛应用于各类电力电子系统中,这些应用系统主要包括[15~22]:功率因数校正(PFC)、静止无功补偿(SVC)、有源电力滤波(APF)、四象限交流电动机驱动系统、太阳能、风能等可再生能源的并网发电、高压直流传输(HVDC)、超导储能(SMES)、统一潮流控制(UPFC).

由此可见,PWM 变流技术代表着当今解决谐波污染、无功功率损耗问题和新能源利用的发展方向,是当今电力电子技术中最具基础与前景的技术之一. 而软开关 PWM 变流器综合了 PWM 变流技术与软开关技术的优点,不仅可以实现高功率因数运行、提供无功功率补偿、有效地利用能源,而且可以减小开关损耗、抑制电磁干扰,目前已成为解决抑制谐波污染和电磁干扰等问题的主要方式.

1.2　三相 PWM 变流技术及其软开关技术研究

1.2.1　三相 PWM 变流技术研究

自 20 世纪 60 年代脉宽调制(PWM)变频思想的提出并成功地应用到交流变频器以来,交流传动技术发生了日新月异的变化. 人们对传动领域的 PWM 技术研究已经比较充分,相比之下,对电网侧电力电子变换技术的研究显得不足. 80 年代以来,PWM 控制技术又被应用到整流器中,使整流器获得了前所未有的发展,并成为学术界关注的热点. 大功率开关器件 MOSFET、IGBT 等的出现(目前 IGBT 的容量已经达到 2 400 A/1 700 V、1 200 A/3 300 V、600 A/6 500 V),进一步推动了 PWM 变流技术的发展. PWM 变流器的新拓扑结构、数学模型以及控制策略不断被刷新. 总体来说,对于 PWM 变流技术的研究主要集中在:主电路拓扑结构、数学模型、系统性能、电压型 PWM 变流器控制等方面研究. 下面就进一步说明.

1. 主电路拓扑结构研究

PWM 变流器拓扑结构有很多,AC - AC 变流器大致可分为三类:AC - DC - AC 直流环节变流器、AC - AC 交流环节变流器、AC - AC 交—交直接变流器. 交流环节变流器也称为周波变流器[23],它将电网频率的交流电直接变换成不同频率的交流电,过去在大功率低转速的交流调速系统中应用较多,理想状态下输入功率因数为 0.95. 由于至少由 18 只单向功率开关器件组成,其结构复杂,正在逐渐被淘汰. AC - AC 交—交直接变流器即为矩阵式变换器[24],可以实现输入功率因数为 1、具有调速范围广、无直流环节、动态响应快等许多优点,它由 18 只单向(或 9 只双向)功率开关器件组成. 由于控制系统复杂、功率开关器件来源短缺、双向换流安全性、输出电压受限制等原因,在学术界和工业界还没有被完全接受,是目前研究的一个方向. AC - DC - AC 直流环节变流器被称为双 PWM 变换器[18],其中 DC - AC 侧既可以用作逆变器(变频器)拖动电机负载,也可以作为变流器向直流母线回馈能量;AC - DC 侧为变流器,可实现单位功率因数或可变功率因数运行. 与前两种相比,三相 AC - DC PWM 变流器结构简便,实用性强,受到了普遍的关注.

对三相 AC - DC PWM 变流器而言,在高压大容量的场合,管子耐压不够,可采用多电平 PWM 变流器,比如机车、轧钢机等,在多电平拓扑结构中,又可分为三电平、五电平等[25, 26].

在小功率场合,比如开关电源、变频空调等,通常采用二极管加单开关器件构成 PWM 斩波的方式. 这种电路只能工作在整流状态,通常称为功率因数校正(PFC)电路[27]. 在由三个开关器件构成 PFC

电路中[28],3 个双向开关器件分别串联在交流侧与直流侧中间,这样开关器件承受的电压为输出电压的一半,承受的电流也减小. 在中等功率(几千瓦到几百千瓦)应用场合,比如工企电机、提升机等,多采用六个功率开关器件构成 PWM 整流电路. 由于它还可以实现能量的双向授受,应用范围最广,下面将着重对此进行探讨.

　　PWM 变流器根据输出特性可分为电流型和电压型两种,如图 1.1 所示. 电压型 PWM 变流器直流侧并联有大电容,具有恒压源输出特性;电流型 PWM 变流器直流侧串联有大电感,具有恒流源输出特性. 1982 年 Busse Alfred、Holtz Joachim 首先提出具有交流侧正弦波电流的单位功率因数电流型 PWM 变流器[29],1984 年 Akagi Hirofumi 等提出的基于 PWM 变流器结构的无功补偿装置,这是电压型 PWM 变流器的雏形,基本形成了 PWM 变流器在结构类型上的划分[30].

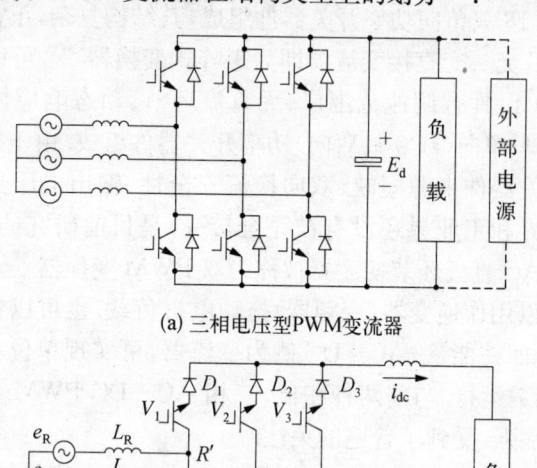

(a) 三相电压型PWM变流器

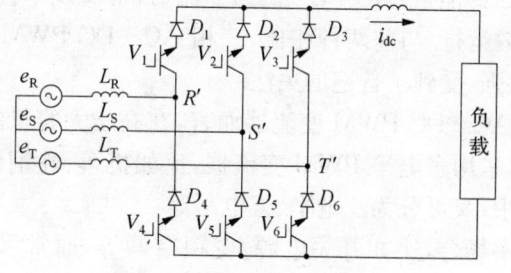

(b) 三相电流型PWM变流器

图 1.1　三相 PWM 变流器

图 1.1(a)为三相电压型 PWM 变流器[31~38],它具有结构简单、损耗较低、控制方便、应用范围广等优点,一直是 PWM 变流器研究的重点. 由于在交流侧呈现出受控电流源的特性,也就是说,它不仅可以实现相电流与相电压保持同相位或反相位,并且可根据负载进行幅值变动.

图 1.1(b)为三相电流型 PWM 变流器,它需要较大的直流储能电感,由于存在电流畸变、震荡问题相对严重、结构和控制比较复杂等问题,与电压型 PWM 变流器相比,体积大、动态响应慢,因此它的应用受到了限制. 近年来超导技术获得了长足的发展,由于它具有损耗极低的特点,作为直流侧储能电感被成功应用在电流型 PWM 变流器[39]. 这种电流型 PWM 变流器有着良好的电流保护性能,也受到了人们的重视.

三相电压型 PWM 变流器,根据输出电压的变化,可以分为 4 种:升压(Boost)型[19]、降压(Buck)型[40]、降压—升压(Buck-Boost)型[41]、升压—降压(Boost-Buck)型[42]. 其中:Buck 与 Buck-Boost 型三相变流器由于功率开关管和二极管相串联,只能工作在整流状态,Buck-Boost 与 Boost-Buck 型三相变流器具有较宽的输出直流电压调节范围,Boost 型变流器电能利用率高,适用场合较多,对此研究具有普遍性意义.

PWM 变流器与软开关技术结合,形成了具有抑制 EMI 的软开关三相 PWM 变流器,它可分为零电压软开关和零电流软开关两种类型[43],这将在后面讨论.

2. 数学模型研究

PWM 变流器的数学模型是研究 PWM 变流技术的基础,正确的数学模型有助于揭示和掌握 PWM 变流器的本质特征,为研究 PWM 变流器及其控制策略提供必要的理论依据.

PWM 变流器的数学模型具有高阶、多变量、非线性的特点. 与三相逆变器系统的分析类似,有学者从多变量非线性模型出发,利用 d-q 坐标变换,简化成旋转坐标系上的两相模型,并给出了系统的稳态、动态分析[44]. 有学者建立了时域模型,并将时域模型分解为高频、低频模型[45]. 也有学者利用非线性变换将系统简化为一个线性模型[46]. S. Hiti 等从 d-q 坐标系下的平均大信号模型推导入手,建立了一套较为完整的小信号模型,揭示了 PWM 变流器的特点[47]. Hengchun Mao 等建立了一种降阶小信号模型,进一步简化了 PWM 变流器的数学模型[48, 49]. V. Blasko 等建立了频域模型,对系统进行结构分解,用 Bode 图分析了系统的稳定和动态特性[50]. Green A. W. 等建立了离散数学模型,用根轨迹法对系统进行特性分析[51].

3. **系统性能研究**

对于 PWM 变流器系统性能的研究,包括了系统的工作特性、参数指标、结构优化等多方面问题. 研究范围大致可分为:PWM 调制模式、控制系统及控制方法、控制系统结构及优化.

PWM 变流器的调制模式都是借鉴于 PWM 逆变器的调制模式[13],最常用的是正弦波 PWM(SPWM)调制,即每相调制波信号都是正弦波,又被称为相电压控制法. 这种调制模式的电压利用率不够高,最大线性输出电压幅值仅为输入电压的 $\sqrt{3}/2$ 倍. 为提高电源的利用率,人们研究出许多优化的 PWM 调制模式,例如有:准最优 PWM 调制、开关损耗最小 PWM 调制、鞍形波 SAPWM 调制、谐波损耗最小 PWM 调制、全电压准最优 PWM 调制等. 在这些调制模式中,有的采用在正弦调制波上叠加一个三次波的方法,有的则采用预畸变调制波的方法,最终都能提高输出电压幅值、降低谐波损耗、减小开关次数. 对于 PWM 调制方式带来的谐波振荡等问题,有学者研究采用随机 PWM 调制方式[52].

PWM 变流器的控制系统及控制方法是在研究系统数学模型基础上形成的. 例如有:根据 d-q 坐标变换而产生的空间矢量控制方法[53~55];利用系统的时域线性化模型,建立了状态反馈控制[56];采用离散数学模型而形成的极点配置控制等[57]. 为了提高系统的性能指标,也有应用现代控制理论或智能控制方法,其中有:利用最优控制理论,以改善在矢量控制中跟踪参考电流的动态响应时间[58];基于

Lyapunov 稳定性理论,建立了相应的控制系统及控制策略,解决了大范围扰动的稳定性问题;采用模糊控制理论,尽快求得调制波电压的幅值和相角,以提高系统的快速响应[59]等. 这些都达到了预期的良好效果.

PWM 变流器的控制系统结构及优化是从整体上研究系统的特性,进一步简化控制系统的结构. 为提高系统的适应性和鲁棒性,有学者研究电网不平衡状态下的控制策略,指出在电网不平衡状态下 PWM 变流器将使直流侧产生偶次谐波,导致电流畸变,并且提出相应的解决方法[60, 61]. 有学者研究系统共模干扰问题,给出了拓扑结构和元件的选用方法,减小系统的电磁干扰(EMI)[62]. 为简化 PWM 变流器的信号检测,有学者提出了无电流传感器控制方案,即在跟踪电流控制中,通过检测直流侧电流来推测交流侧电流,从而节省了检测交流侧电流所需的三个霍尔电流传感器[63, 64];也有学者提出了无电压传感器的控制方案,即通过有功功率与无功功率的估计或者基于网侧电流偏差调节来推断电网电动势,从而节省检测交流侧线电压的霍尔电压传感器[65, 66].

4. 电压型 PWM 变流器系统控制研究

为了实现电压型 PWM 变流器的四象限运行,只要控制交流侧电流即可. 在具体控制策略上,根据是否采用瞬态交流侧电流作为反馈量和被控量,分为直接电流控制和间接电流控制:直接电流控制通过引入交流电流反馈,对交流侧电流进行闭环直接控制[31~35];间接电流控制通过控制全桥交流侧 R'、S' 和 T' 相电压,间接控制交流侧电流[36~38]. 下面是这两种控制方法的基本原理.

(1) 直接电流控制

直接电流控制是一种瞬态跟踪电流控制方法,由运算求出交流侧电流指令信号,再引入交流侧电流反馈,通过对交流侧电流的直接控制而使其跟踪指令电流值. 这种控制方式具有电流内环和电压外环的双环控制结构:在电流内环中,通过对功率因数角的控制可实现对无功功率的控制;在电压外环中,对直流电压的控制则是通过调节交流电流的参考幅值来实现的. 外环电压稳定与否取决于内环电流能否快速准确地跟踪电流给定. 由于这种控制方式能有效地跟踪负载电流的变化, 动态性能好, 在目前的研究中处于主导地位. 直接电流控制根据电流跟踪方式的不同主要分为: 电流滞环控制[32]、固定开关频率的预测电流控制[34]、空间矢量控制等方法[35]. 对这几种控制方法说明如下:

① 电流滞环控制

图 1.2 为电流滞环控制的系统结构图. 在电流滞环控制方式中, 电流指令从直流侧电压 E_d 的控制中获取. 图中, 直流电压给定信号 E_d^* 与 E_d 相比较后送入 PI 调节器, PI 调节器的输出为一直流电流信号 i_d, i_d 的大小和交流侧输入电流的幅值成正比. 当负载波动时, 通过 PI 调节器的控制作用, i_d 能够跟随负载而变化. 电压调节环节在调节直流电压的同时, 也调节了直流侧的功率.

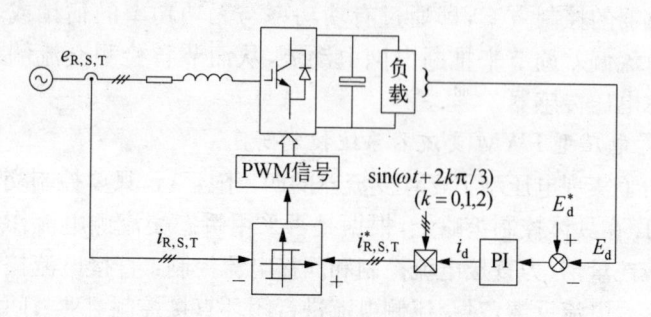

图 1.2 电流滞环控制系统结构图

i_d 分别乘以与 R、S、T 三相相电压同相位的正弦信号, 就得到三相交流电流的正弦指令信号 i_R^*、i_S^*、i_T^*. 由于其幅值与负载电流大小成正比, 这正是变流器以单位功率因数运行时所需要的交流指令信号. 该指令信号和实际交流电流信号进行比较后, 两者的偏差作为滞环比较器的输入, 通过滞环比较器产生控制功率开关器件通断的 PWM 信号, 就可以跟踪指令值.

② 固定开关频率的预测电流控制

图 1.3 为固定开关频率的预测电流控制系统结构图.这种控制方式是根据瞬时无功功率理论,利用坐标变化分别对有功功率和无功功率控制.图中,将交流电源电流经 3/2 坐标变换分解到 d - q 坐标系下,得到两个直流量 i_d 和 i_q.指令电流 i_q^* 由电压外环 PI 调节器输出,代表着三相电流的有功分量;而指令电流 i_d^* 则表示三相电流的无功分量,且可独立给定或由功率因数调节器外环给定.i_d 和 i_d^*、i_q 和 i_q^* 的误差信号送入 PI 调节器,得到有功和无功误差跟踪信号,再经 2/3 坐标变换后得到产生控制功率开关器件通断的 PWM 信号.由于参考值和反馈值在稳态时都是直流信号,可以做到无稳态误差跟踪,这种方法的控制精度高,但涉及的计算复杂.

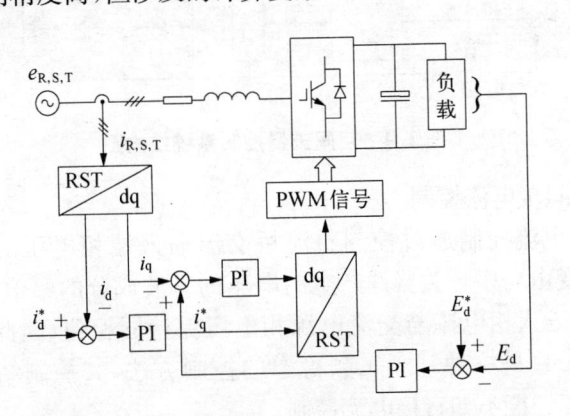

图 1.3　固定开关频率的预测电流控制系统结构图

③ 空间矢量控制

空间矢量控制通过三相输出指令电压矢量,使得误差电流矢量的变化率能够跟踪控制误差电流矢量.误差电流矢量的变化率是由三相输出电压矢量、三相相电压矢量和指令电流矢量的变化率决定的,通过一定的关系运算,获得零误差电流矢量.

图 1.4 为空间矢量控制系统结构图.图中,指令电流 i_R^*、i_S^*、i_T^* 分别与反馈电流 i_R、i_S、i_T 通过滞环比较器,输出相应的比较状态值 B_R、B_S、B_T;指令电流 i_R^*、i_S^*、i_T^* 经微分环节后得到电感上电压矢量,再分

别与三相相电压矢量合并,得到指令电压矢量 e_R^*、e_S^*、e_T^*. 通过对指令
电压矢量和比较状态值的区域判别,最终由空间电压矢量选择逻辑,
输出一个合适的控制电压矢量 $U_k(k=0,\cdots,7)$,从而使三相电流跟
踪指令电流. 这种控制方式中包括了矢量选择规则的逻辑运算策略.

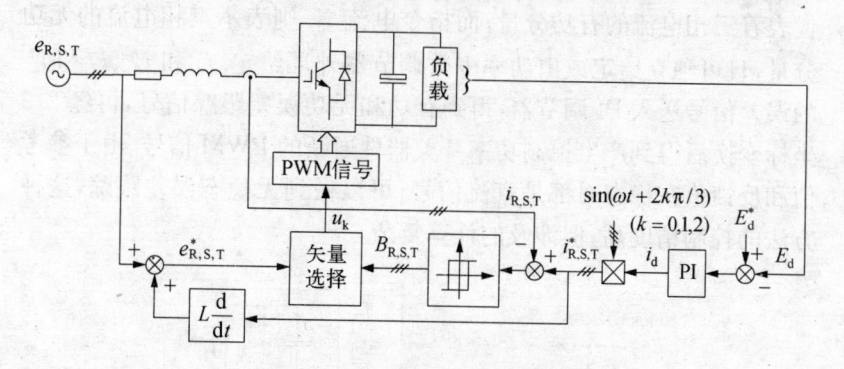

图 1.4　空间矢量控制系统结构图

（2）间接电流控制

间接电流控制通过控制整流桥交流输入端相电压的幅值和相
位,即改变由功率开关器件产生的电压的基波成分的幅值与相位,使
得交流侧输入相电流与交流电源相电压保持同相位,因此又被称为
幅相控制. 它是一种基于工频稳态的控制方法,其控制结构较为简
便,但动态性能不如直接电流控制.

图 1.5 为幅相控制系统结构图. 图中,电压控制环与直接电流控
制的控制环一致,i_d 分别乘以与 R、S、T 三相相电压同相位的正弦信
号,再乘以电阻 R(R 为回路中分布电阻),就可得到各相电流在电阻
R 上的压降 u_{RR}、u_{RS}、u_{RT};i_d 分别与比 R、S、T 三相相电压相位超前的
$\pi/2$ 的余弦信号相乘,再乘以电抗 L,就可得到各相电流在电感 L 上
的压降. 三相交流电源相电压 e_R、e_S、e_T 分别减去前面求得的电阻 R
和电感 L 上的压降,就可得到整流桥交流输入端相电压的信号,将该
信号与三角载波相比较得到 PWM 信号,就可以得到需要的控制
结果.

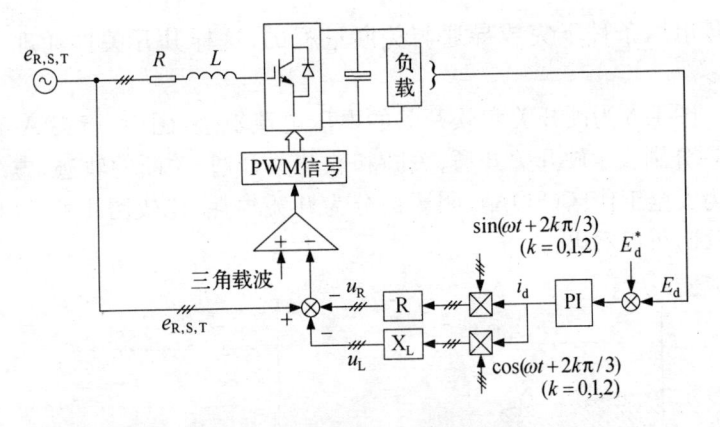

图 1.5 幅相控制系统结构图

1.2.2 软开关三相变流技术

20 世纪 80 年代中期,人们为了减小开关损耗和抑制电磁干扰 (EMI),积极研究了谐振型电力变换装置. 1984 年开始,美国弗吉尼亚电力电子中心的李泽元教授(F. C. Lee)对零电压开关、零电流开关进行了一系列研究,并成功应用在小型 DC – DC PWM 功率变换器上[67],后来被称为软开关技术. 由于软开关技术在减小开关时的电应力、降低噪声等方面具有显著的优点,近 20 年来受到了广泛的重视并得以迅速发展.

下面对软开关技术以及软开关 PWM 变流技术进行说明.

1. 软开关技术

与硬开关电力变换电路加缓冲器以减小开关应力方法不同,软开关技术的基本思想是通过主回路中电感和电容的谐振,使得功率开关器件中电流或其两端电压按照正弦或准正弦规律变化,当电流或其两端电压自然过零时,功率开关器件进行导通或关断,这样开关器件的导通和关断都在零电流或零电压条件下完成. 功率开关器件在零电流情况下动作时,被称为零电流软开关(ZCS);而在零电压情况下动作,被称之为零电压软开关(ZVS). 由于开关器件是在零电流或零电压条件下完成导通与关断过程的,这样其开关损耗理论上为零.

图 1.6 为硬开关和软开关的电压电流轨迹. 图中,箭头 A、B 和 C、D 分别表示硬开关开通、关断和软开关开通、关断的轨迹,虚线部分为安全工作区(SOA),阴影部分为开关损耗. 比较图 1.6(a)和图 1.6(b)可以看出:

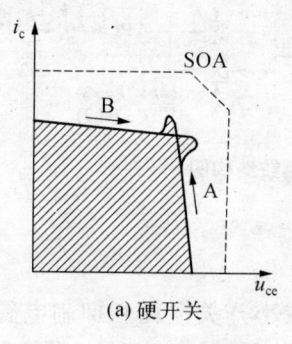 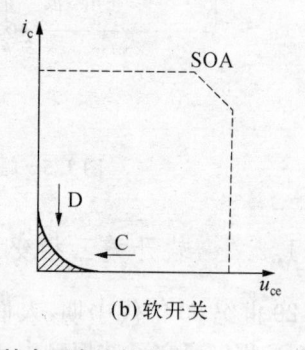

(a) 硬开关　　　　　　　　　(b) 软开关

图 1.6　硬开关和软开关的电压电流轨迹

(1) 软开关使开关器件的开关轨迹超出安全工作区(SOA)的可能性大大减小,从而改善开关管的开关环境,提高其运行可靠性.

(2) 由于开关损耗功率 $P = u_{ce} \times i_c$,软开关状态(零电压或零电流)下的开关损耗(图 1.6(b)中的阴影部分)远小于硬开关状态下的开关损耗(图 1.6(a)中的阴影部分).

(3) 功率器件在开通和关断的瞬间,会产生过电压或过电流的尖峰. 软开关能够抑制过高的 du/dt 和 di/dt,从而有效地防止电磁干扰(EMI).

软开关的上述优点使其在 PWM 逆变器高频化的进程中发挥了重要作用. 软开关电路的基本结构有三种,如图 1.7 所示. 图中上面为基本结构,下面为开关动作时开关器件的集电极—发射极两端电压及内部电流的波形.

(1) 串联电感　如图 1.7(a)所示,它是零电流软开关(ZCS)的基本结构. 开关器件开通时,由于电感上的电流不能突变,可在任意时刻以 ZCS 开通;开关器件关断之前,通过 LC 谐振电路,将串联电感上的能量全部转移到谐振电容上,电感中电流为零,确保 ZCS 关断.

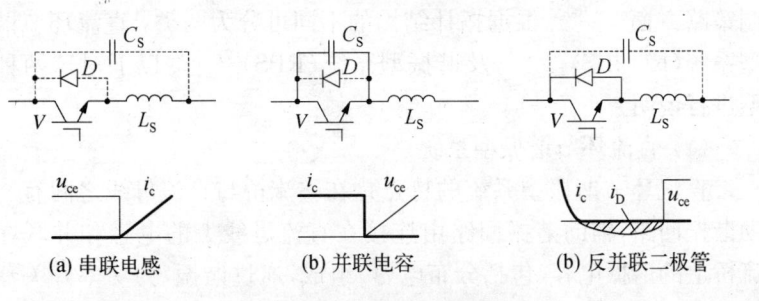

(a) 串联电感　　　　(b) 并联电容　　　　(b) 反并联二极管

图 1.7　软开关电路的基本结构

(2) 并联电容　如图 1.7(b)所示,它是零电压软开关(ZVS)的基本结构. 开关器件关断时,由于电容两端的电压不能突变,抑制 du/dt 的增加,可在任意时刻以 ZVS 开断;开关器件开通之前,通过 LC 谐振电路,将并联电容上的能量全部转移到谐振电感上,电容两端电压为零,确保 ZVS 开通.

(3) 反并联二极管　如图 1.7(c)所示,当外电路电流流经二极管时,开关器件上没有电流,又因其导通压降最大只有 1.4 V,从而使开关器件处于零电流、零电压状态,在此时刻开通或关断器件,都是 ZCS、ZVS 动作. 外电路由 LC 无源器件、辅助开关等谐振电路、辅助电路组成,也有同时使用谐振电感和谐振电容的情况. 在谐振变流器中,兼用了反并联二极管的 ZCS 和 ZVS 的功能.

2. 软开关 PWM 变流技术

将谐振限制在开关周期的某一范围内,这构成了目前功率变换器中普遍采用的软开关谐振变换技术. 1989 年美国威斯康星大学麦迪逊分校的 Divan 博士首先提出了直流环节谐振逆变器(RDCLI)[68],软开关技术首先在 DC - AC PWM 逆变器上实现并得以快速发展. 由于 AC - DC PWM 变流器可以等效为 DC - AC PWM 逆变器的对偶形式,因而有关软开关 PWM 逆变器的技术可以被借鉴到 PWM 变流器上.

近年来,三相 AC-DC PWM 变流技术备受关注,并成为许多同行的研究热点. 目前的有关研究主要集中在软开关拓扑结构及其控制策略方面[85~100]. 根据拓扑结构的不同可分为两类:直流环节谐振型系统(RDCLS)[69, 70],及谐振型系统(RPS)[71, 72]. 以下对这两种类型进行说明:

(1)直流环节谐振型系统

直流环节谐振型系统的特点是在整流桥与直流母线之间有一辅助谐振回路,辅助谐振回路由连接在直流母线上的电感和并联在整流桥上的谐振电容(包括分布电容)组成,通过谐振,为功率开关器件创造软开关条件. 根据软开关方式的不同,直流环节谐振型变流器有两种:零电流开关型、零电压开关型.

零电流开关型属于电流型 PWM 变流器,按照谐振电感位置的不同,可分为串联型[73]和并联型[74]两种. 零电流软开关变流器通过谐振,使得直流母线电流周期性地降为零,为功率开关器件提供软开关条件. 由于目前电流型 PWM 变流器的适用范围较窄,对它的研究相对很少.

零电压开关型属于电压型 PWM 变流器,根据谐振电感位置的不同,可分为基本直流环节谐振型(basic RDCL)[75, 76]、并联谐振型(PRDCL)[77]两种. 零电压软开关变流器通过谐振,使得直流母线电压周期性地降为零,为功率开关器件提供软开关条件. 图 1.8 为零电压开关直流环节谐振型变流器的简化拓扑图.

基本直流环节谐振型(basic RDCL)变流器的特点是:谐振电感串联在直流母线上,在谐振模式启动之前,谐振电感充电,然后与并联在功率开关器件上的电容发生谐振,使得桥臂两端电压谐振到零. 在谐振脉冲反冲时,存储的能量返回到电容上,即加在功率开关器件的两端,这样电容两端电压将急剧升高,为抑制电压过高,需要进行电压钳位. 根据不同的钳位方法,又可分为无源钳位直流环节谐振型(pcq-RDCL)[75]、有源钳位直流环节谐振型(acq-RDCL)[76]两种. 前者

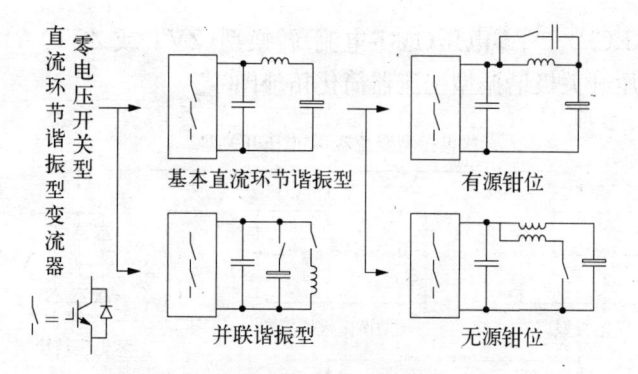

图 1.8   零电压开关直流环节谐振型变流器简化拓扑图

利用一个变压器钳制电压,直流环节的谐振电压峰值可达到 2.5～3
倍的直流母线电压;后者则利用一个预充电电容进行电压钳制,同时
需要一个充电平衡电路,使直流环节谐振电压峰值限制到 1.2～1.4
倍的直流母线电压. 基本直流环节谐振型变流器的缺点是直流环节
谐振电压峰值较高,从而大大地增加了功率开关器件的电压应力.

并联谐振型(PRDCL)变流器的特点是[77]:谐振电感并联在直流
母线上,与并联在功率开关元件上的缓冲电容构成谐振电路,并且在
主功率通路上有一个开关器件. 当发生谐振时,该开关器件关断,功
率开关器件上能量释放到谐振电感,谐振电感充电,桥臂两端电压先
降为零,然后上升. 当电压升高到直流母线电压时,该开关器件导通,
将桥臂两端电压钳制到直流母线电压上. 这样就克服了基本直流环
节谐振型变流器谐振电压过高的缺点.

(2) 极谐振型系统

与谐振直流环节型系统不同,极谐振型系统的特点是辅助谐振
回路从整流桥之后移到了整流桥之前,与每一相极点(每一桥臂上下
开关器件的连接点)相连. 对于三相变流器来说,辅助谐振回路由原
来的一组变成了三组,即每一桥臂均配有一组,通过辅助谐振回路,
为功率开关器件创造软开关条件. 根据谐振电感中电流是否连续,极
谐振型大致可分为三种:谐振极换流型(RCP)[78,79]、辅助谐振极换

流型(ARCP)[80]、零电压(或零电流)转换型(ZVT 或 ZCT)[81]. 图1.9
为零电压开关极谐振型变流器简化拓扑图.

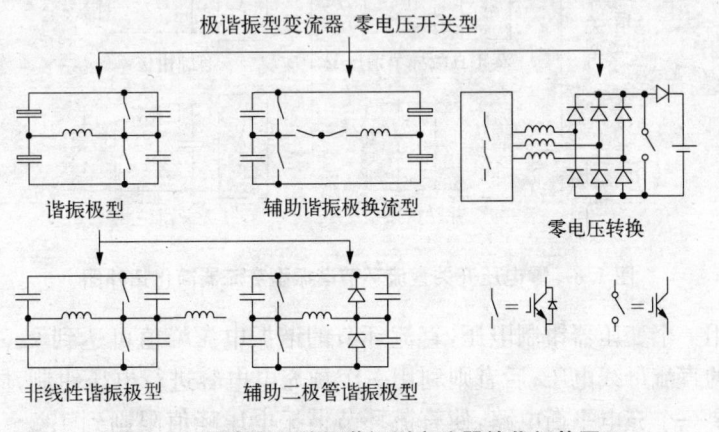

图 1.9　零电压开关极谐振型变流器简化拓扑图

　　谐振极换流型(RCP)变流器的特点是：谐振电感中的电流一直
处于连续导通状态,谐振极电感的一侧被钳制在直流母线电压的中
点. 其工作方式是：在某相桥臂上一个功率开关器件导通期间,电感
电流沿斜线持续上升. 由于该功率开关器件上并联有电容,可在零电
压情况下关断该开关器件,这时发生谐振,使得该相桥臂上另一个功
率开关器件以零电压开关方式导通. 为了抑制电感电流上升过高,
RCP 变流器有两种基本形式：一种是在回路上串联了饱和电抗器,
这就是非线性谐振极逆变器[78]. 还有一种是利用二极管构成谐振电
流通路,这就是辅助二极管谐振极逆变器[79]. 谐振极换流型变流器的
主要缺点是：谐振电感中电流的持续增加或减小会产生很多的功率
损耗；功率开关器件承受的电流应力很大,至少是输出电流的 2 倍；由
于谐振电感与负载串联,电路的软开关工作条件与负载的变化有很
强的耦合关系. 这些不足之处,限制了它的应用场合,目前对这方面
的研究很少.

　　为了避免 RCP 电路中电流的连续,有人在谐振回路中增加了开

关管,这就构成了辅助谐振极换流型(ARCP)[80]. 它的特点是:谐振电感中的电流处于非连续导通状态,通过辅助开关器件控制谐振时刻. 当辅助开关器件开通时,谐振电感中有电流,为桥臂上功率开关器件提供零电压开关条件. 当辅助开关器件关断时,谐振电感中无电流,由于电流导通时间很短,这样就大大减小了功率损耗. 由于每一组辅助谐振电路有两个辅助开关器件和一个谐振电感,每一桥臂均配有一组辅助谐振电路. 这样对于三相变流器而言,就有三组辅助谐振电路,共有六个辅助开关器件和三个谐振电感. 因此,ARCP 变流器的拓扑结构及其控制比较复杂,但是由于三相桥臂的工作完全独立,因此可以采用任何形式的 PWM 控制策略.

零电压转换(ZVT)变流器是在简化 ARCP 电路的基础上提出的[81],它不仅使桥臂上的功率开关器件可以工作在零电压状态,而且使主续流二极管实现了软关断. ZVT 变流器几乎保持了 ARCP 变流器的所有优点,它只用一个辅助开关器件,拓扑结构及控制方法大为简化. 其不足之处是,三个桥臂的工作是相互关联的,在采用 PWM 控制策略时受到一定的限制.

零电流转换(ZCT)变流器能够在零电流条件下,实现功率开关器件、辅助开关器件、反并联二极管的开通和关断[82]. 与零电压变流器相比较,它能够解决二极管反向恢复问题,并且功率开关器件的关断损耗基本为零. 但是该变流器需要六个辅助开关器件,因此增加了成本,它适用在大功率场合.

ARCP 变流器和 ZVT 变流器具有传送电能高效率、低损耗、功率开关器件及续流二极管承受的电压、电流应力低等优点,最受关注. 为了尽量简化 ARCP 和 ZVT 变流器的辅助谐振电路,目前已提出了不少兼有 ARCP 和 ZVT 特点的变流器及其控制策略[83, 84].

1.3 主要工作及意义

软开关三相 PWM 变流器具有高功率因数、能量双向授受、输出直流电压可调、抑制电磁干扰等优点. 它适用于各种 AC−DC−AC 交流电机传动系统以及具有太阳能、燃料电池、UPS 等能量可双向流动的场合. 目前, 有关软开关三相 PWM 变流技术的拓扑结构已越来越受到关注. 特别是日本、美国等发达国家对这方面的研究较为深入. 这些国家在功率开关器件、电路拓扑结构和控制策略等方面占据着主导地位, 已经有大功率 PWM 变流器样机开发出来, 个别的已投入了商业使用. 我国的起步相对较晚, 但近年来也得到了重视, 并正在快速发展, 如浙江大学、西安交通大学、清华大学、南京航空航天大学、华中科技大学等高校及有关科研院所对此都相继展开了研究和探索, 研究工作主要集中在拓扑结构与控制策略方面.

本文以三相 Boost 电压型 PWM 变流器为对象, 提出一种软开关三相 PWM 变流器的拓扑结构, 建立了该拓扑结构的数学模型, 深入研究该拓扑结构的控制策略和实现方法. 在研究变流器的系统控制中, 提出有关实现单位功率因数和可调功率因数的相量调节方式, 以及为提高系统动态性能的电流前馈控制方式, 并对系统进行了深入的分析研究. 作为本课题的发展与深化, 文章最后进一步探索一种高效软开关拓扑结构. 本文的主要工作包括:

1. 三相直流环节谐振 PWM 变流技术的研究 提出一种三相直流环节谐振 PWM 变流器拓扑, 分析该三相直流环节谐振 PWM 变流器的等效电路、谐振的工作条件、谐振工作模式及相关的谐振数学解析. 分析直流环节谐振三相高功率因数 PWM 变频系统的工作原理和控制方案. 该变流器具有结构和控制都较为简便的优点.

2. 实现单位功率因数三相 PWM 变流技术研究 提出一种实现单位功率因数的相量调节方式, 建立的低频数学模型能够较准确地描述系统的工作状况. 分别在顺变和逆变状态下, 描述了基于幅相控制的相量调节方式, 分析了控制角 α、最大负载能力、最大回馈电网电能与调制深度、负载、电感量之间的关系, 研究了变流器的工作区间.

3. 提高系统动态性能的研究 提出一种适合于三相 PWM 整流的电流前馈控制方法, 以提高系统的动态响应性能. 文中对这种电流前馈控制方式进行了原理分析和数学推导. 这种将直流侧负载电压的变化率转化为到达下一个平衡状态的附加控制量的方法, 能够有效地提高幅相控制方式的动态性能.

4. 实现功率因数可调三相 PWM 变流技术研究　在实现单位功率因数控制的基础上, 提出一种实现可调功率因数的相量调节方式. 探讨在顺变下从电网吸收容性或感性无功功率的相量调节方式以及在逆变状态下向电网回馈容性或感性的无功功率的相量调节方式. 利用所建立的低频数学模型, 研究受控的功率因数角 φ、最大负载能力、最大回馈电网电能与调制深度 M、负载、电感量之间的关系.

5. 从理论上分析系统的传输功率和稳定性　给出传输功率与控制角 α、调制深度 M 的关系, 探讨系统稳定性问题中的功率因数角 φ 与控制角 α 的关系、控制角 α 的临界值, 以及直流母线电压 E_d 与控制角 α、调制深度 M 的关系.

6. 软开关三相 PWM 变流技术实现方法的研究　为便于对软开关控制, 提出了采用正负斜率交替的锯齿载波的 PWM 调制方法, 与采用传统的三角载波相比较, 说明该实现方式及其优点. 由于需要根据电流极性来选择使用正或负斜率锯齿载波, 并且在正负斜率交替的锯齿载波翻转处会产生电流失真, 为此分别在顺变和逆变状态下, 提出一种电流极性检测与电流补偿方法. 它是一种无电流传感器的软件实现方法, 具有节省硬件和 CPU 资源、便于实现等优点. 分析了直流环节谐振三相高功率因数 PWM 变频系统的工作原理和控制方案.

7. 辅助谐振变换极三相 PWM 变流器的探索　文章从提高变流系统效率考虑, 进一步提出了一种结构相对简单的辅助谐振变换极三相 PWM 变流器拓扑. 文章进一步分析该变流器产生零电压谐振的工作模式, 并对谐振电路和谐振条件进行了数学解析, 给出 PWM 控制方式, 仿真结果表明上述理论分析的正确性.

第二章 三相直流环节谐振 PWM 变流技术

三相软开关 PWM 变流器按拓扑结构大致可分为直流环节谐振变流器和极谐振变流器两种,前者结构相对简单,但 PWM 调制控制模式较为复杂;后者可以方便采用常规的 PWM 调制策略,但结构很复杂.

本章提出一种新型三相直流环节谐振零电压开关 PWM 变流器的拓扑,它具有结构和控制都较为简便的优点. 分析了该变流器的等效电路、谐振的工作条件、谐振工作模式及数学模型,研究了该拓扑结构系统的控制策略. 通过对系统的仿真和实验研究,验证了本拓扑结构和分析结果的正确性和有效性.

2.1 主电路结构和谐振分析

图 2.1 为三相电压型软开关 PWM 变流器主电路. 其中,L_R、L_S、L_T 为串联电感,R_R、R_S、R_T 为布线电阻,由于很小,进一步分析时将

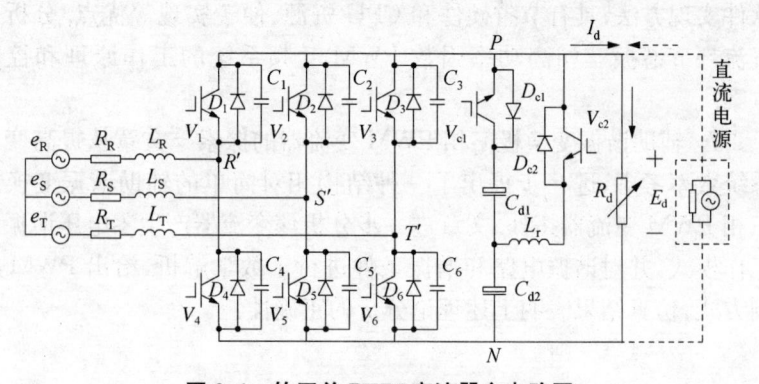

图 2.1 软开关 PWM 变流器主电路图

其略去. 三相全桥电路由功率开关元件 $V_1 \sim V_6$、续流二极管 $D_1 \sim D_6$ 及缓冲电容 $C_1 \sim C_6$ 组成, 谐振电路由功率开关元件 V_{C1}、V_{C2}、续流二极管 $D_{C1} \sim D_{C2}$、分压电容 C_{d1}、C_{d2} 和谐振电感 L_r 组成. 设定负载 R_d 上的直流电压为 E_d, 直流母线电流为 I_d.

由于变流器的载波频率远高于电网频率, 在一个载波周期内可以认为变流器的输入电流是恒定的, 用恒流源 I_s 表示, 见图 2.2.

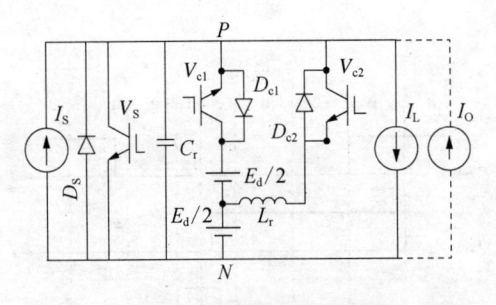

图 2.2 软开关 PWM 变流器谐振等效电路

同样, 由于电容 C_{d1} 和 C_{d2} 很大, 也可以认为其两端电压基本不变, 从而用电压源 $E_d/2$ 来等效; 由于 E_d 恒定、负载 R_d 不变, 直流母线上的电流也是恒定的, 用恒流源 I_L 表示. 这样, 图 2.1 可以用图 2.2 的谐振等效电路来表示, 图中 V_s、D_s、C_r 分别等效于图 2.1 中的开关元件、续流二极管和缓冲电容, 只是这里 $C_r = 3C_i (i = 1 \sim 6)$, 图中虚线部分表示变流器处于逆变状态下, 在一个载波周期内可以认为外部直流电源电流是恒定的, 用恒流源 I_O 表示.

根据图 2.1 和图 2.2 可知, 三相全桥电路的各功率开关元件上都并联有缓冲电容, 则其关断在任何时候进行都是零电压方式, 因此只需考虑其导通处于零电压条件下即可. 通过控制辅助谐振电路中功率开关元件 V_{C1}、V_{C2} 与 V_s 的动作, 为各功率开关元件提供零电压工作条件.

图 2.3 是该电路产生谐振的控制信号及动作波形, 图中 G_{Vc1}、G_{Vc2} 为开关器件 V_{c1}、V_{c2} 的驱动信号, G_{Vs} 为使上下桥臂短路的驱动

信号，i_{Lr} 为电感 L_r 的谐振电流，U_{PN} 为直流母线间电压．在谐振中的谐振电感 L_r 电压充电或放电到 $E_d/2$ 时刻，V_{c1} 和 V_{c2} 两端电压将变为零，此时发生导通和关断，故是零电压方式，而 V_{c2} 导通是同时以零电压和零电流方式进行．三相全桥电路的各功率开关元件的导通是在零电压开关电路谐振期间，当直流母线 P、N 间电压为零时进行的，故导通为零电压方式．图 2.4 为顺变状态下谐振工作模式．

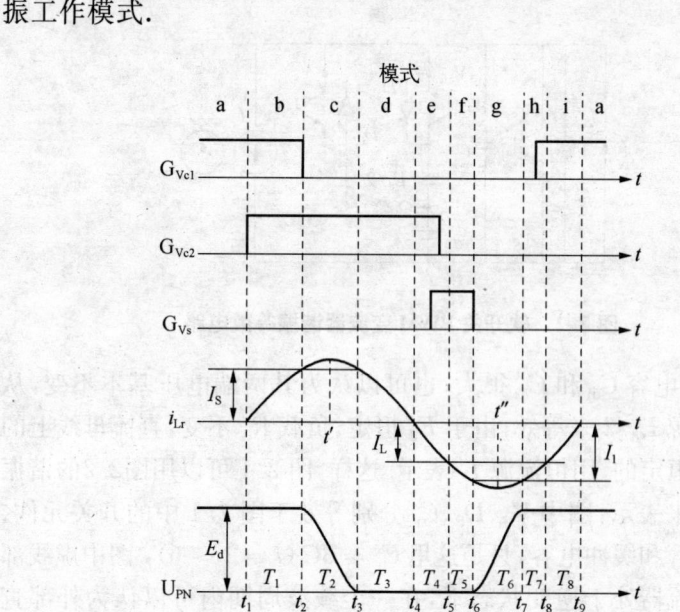

图 2.3　产生谐振的控制信号及动作波形

为了使得直流母线电压 U_{PN} 能够可靠谐振回零，在一个载波周期里，产生谐振的工作条件有：

（1）需要一定的谐振时间，确保零电压开通．谐振槽的时间为

$$T_r = T_3 + T_4 + T_5 \tag{2.1}$$

（2）谐振的阻抗条件为

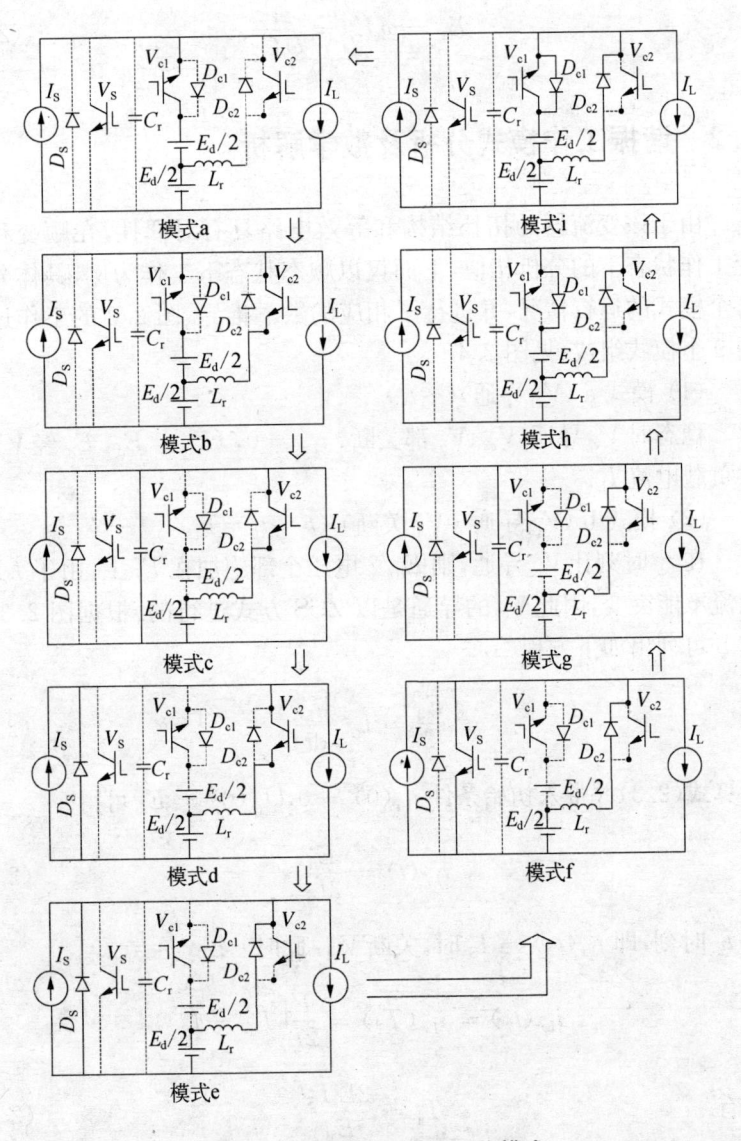

图 2.4 顺变状态下谐振工作模式

$$X_r = \omega_r L_r = \frac{1}{\omega_r C_r} \qquad (2.2)$$

2.2　谐振工作模式分析及数学解析

由于该变流器的拓扑结构和等效电路具有对偶性,在顺变和逆变工作状态下的分析相似,下面仅以顺态状态下工作为例,具体分析每个模式的运行情况,并进行了相应的数学推导. 图 2.3 的工作过程由 9 个模式组成,见图 2.4.

(1) 模式 a (V_{c1} 导通)($\sim t_1$)

稳态时 V_{c1} 导通,V_{c2}、V_s 都关断,$i_{Lr} = 0$,$U_{Cr} = E_d$,E_d 经 V_{c1} 提供负载电流 I_L.

(2) 模式 b (V_{c2} 导通$\sim V_{c1}$ 关断)($t_1 \sim t_2 = T_1$)

在 t_1 时刻让 V_{c2} 导通,则 $E_d/2$ 电压全部施加在 L_r 上,由于 L_r 的电流不能突变,因此 V_{c2} 的导通是以 ZCS 方式进行的. 根据图 2.3 模式 b 可列出如下方程

$$\frac{E_d}{2} = L_r \frac{\mathrm{d} i_{Lr}}{\mathrm{d}t} \qquad (2.3)$$

计算式(2.3)并带入初始条件 $i_{Lr}(0) = 0$,$U_{cr}(0) = E_d$ 可得

$$i_{Lr}(t) = \frac{E_d}{2L_r} t \qquad (2.4)$$

在 t_2 时刻,即 $i_{Lr}(t_2) = I_S$ 时,关断 V_{c1}. 此时

$$i_{Lr}(t_2) = i_{Lr}(T_1) = \frac{E_d}{2L_r} T_1 = I_S$$

故有

$$T_1 = \frac{2L_r I_S}{E_d} \qquad (2.5)$$

(3) 模式 c (V_{c1} 关断$\sim D_s$ 导通)($t_2 \sim t_3 = T_2$)

在 t_2 时刻关断 V_{c1}，则 L_r、C_r 经 V_{c2} 产生谐振，电容 C_r 上电荷放电，电压 U_C 逐渐下降. 由于 L_r 上的电压等于 $E_d/2$，所以 V_{c1} 的关断是以 ZVS 方式完成的. 由图 2.3 模式 c 可知有如下方程成立

$$\begin{cases} \dfrac{E_d}{2} + L_r \dfrac{\mathrm{d}i_{Lr}}{\mathrm{d}t} = U_{Cr} \\ \\ i_{Lr} = -C_r \dfrac{\mathrm{d}U_{Cr}}{\mathrm{d}t} \end{cases} \tag{2.6}$$

初始条件为 $U_{cr}(0) = E_d, i_{Lr}(0) = I_S$. 解上述方程可得

$$\begin{cases} i_{Lr}(t) = \dfrac{E_d}{2X_r} \sin \omega_r t + I_S \cos \omega_r t \\ \\ U_{Cr}(t) = \dfrac{E_d}{2}(1 + \cos \omega_r t) - X_r I_S \sin \omega_r t \end{cases} \tag{2.7}$$

其中 $\omega_r = \dfrac{1}{\sqrt{L_r C_r}}$ 为谐振角频率，$X_r = \omega_r L_r = \dfrac{1}{\omega_r C_r}$.

在 t_3 时刻，$U_{Cr} = 0$. 此时根据式（2.7）有

$$\frac{E_d}{2}(1 + \cos \omega_r T_2) - X_r I_S \sin \omega_r T_2 = 0$$

计算可得

$$T_2 = \frac{1}{\omega_r}\left[\arcsin \frac{E_d}{2A_c} + \operatorname{arctg} \frac{E_d}{2X_r I_S} \right] \tag{2.8}$$

式中 $A_c = \sqrt{\left(\dfrac{E_d}{2}\right)^2 + X_r^2 I_S^2}$. 同时有

$$i_{Lr}(t_3) = i_{Lr}(T_2) = \frac{E_d}{2X_r} \sin \omega_r T_2 + I_S \cos \omega_r T_2 \tag{2.9}$$

将式（2.8）带入式（2.9）计算得

$$i_{Lr}(t_3) = i_{Lr}(T_2) = I_S \tag{2.10}$$

由式(2.10)可知,当 $U_{cr} = 0$ 时,i_{Lr} 回到了 I_S,此时二极管 D_s 导通.

(4) 模式 d (D_s 导通~D_{c2} 导通) (t_3~$t_4 = T_3$)

在 t_3 时刻,$i_{Lr} = I_S$,D_s 导通,因此有

$$-L_r \frac{\mathrm{d}i_{Lr}}{\mathrm{d}t} = \frac{E_d}{2} \qquad (2.11)$$

由初始条件 $U_{cr}(0) = 0$,$i_{Lr}(0) = I_S$ 解得

$$i_{Lr}(t) = -\frac{E_d}{2L_r}t + I_S \qquad (2.12)$$

D_s 导通后,L_r 的能量转移到电源 $E_d/2$ 上,i_{Lr} 逐渐减小,直至 t_4 时刻 $i_{Lr}(t_4) = 0$,可得

$$T_3 = \frac{2L_r I_S}{E_d} \qquad (2.13)$$

(5) 模式 e (V_{c2} 关断,D_{c2} 导通~D_s 关断、V_s 导通) (t_4~$t_5 = T_4$)

电容 C_{d2} 经二极管 D_{c2} 向 L_r 积蓄能量. 由于 L_r 上施加有 $E_d/2$ 电压,方向与模式 b 时恰好相反,因此 i_{Lr} 从零开始向反方向逐步增大,此间关断 V_{c2},显然该动作是在 ZVS 状态下进行的. 在开始的一段时间里,由于 $i_{Lr} < I_L$,因此 I_L 的部分电流经 D_s 构成闭合回路. 至 t_5 时刻,$i_{Lr} = I_L$,二极管 D_s 关断. 在此过程中有

$$L_r \frac{\mathrm{d}i_{Lr}}{\mathrm{d}t} = \frac{E_d}{2} \qquad (2.14)$$

初始条件为 $i_{Lr}(0) = 0$,$U_{cr}(0) = 0$,解方程得

$$i_{Lr}(t) = \frac{E_d}{2L_r}t \qquad (2.15)$$

从而有

$$i_{Lr}(t_5) = i_{Lr}(T_4) = \frac{E_d}{2L_r}T_4 = I_L$$

$$T_4 = \frac{2L_r I_L}{E_d} \qquad (2.16)$$

(6) 模式 f (D_s 关断、V_s 导通～V_s 关断)($t_5 \sim t_6 = T_5$)

为了使后面的谐振能完整进行,必须保证 L_r 中贮备足够的能量,因此在 t_5 时刻之前触发导通开关 V_s(导通时间很短,一般为 $1 \sim 2\,\mu s$),使 L_r 继续施加 $E_d/2$ 电压,i_{Lr} 继续增大. 显然,V_s 的开通是零电压开通. 在模式 e 中,当 $i_{Lr} = I_L$,D_s 关断,于是模式 e 自动切换进入模式 f,此时电容 C_{d2} 既要提供负载电流 I_L,还要通过 D_{c2}、V_s 继续给电感 L_r 充电. 在此过程中有

$$L_r \frac{\mathrm{d}i_{Lr}}{\mathrm{d}t} = \frac{E_d}{2} \qquad (2.17)$$

根据初始条件 $i_{Lr}(0) = I_L$,$U_{cr}(0) = 0$ 解方程得

$$i_{Lr}(t) = \frac{E_d}{2L_r}t + I_L \qquad (2.18)$$

当 $i_{Lr} = I_1$(I_1 为设定值)时,关断 V_s,由于 $U_{cr} = 0$,因此 V_s 的关断是零电压关断. 此时有

$$i_{Lr}(t_6) = i_{Lr}(T_5) = \frac{E_d}{2L_r}T_5 + I_L = I_1$$

$$T_5 = \frac{2L_r}{E_d}(I_1 - I_L) \qquad (2.19)$$

(7) 模式 g (V_s 关断～D_{c1} 导通)($t_6 \sim t_7 = T_6$)

在 t_6 时刻 V_s 关断后,由于 $i_{Lr} > I_1$,多余的电流又向 C_r 充电,于是 C_r 和 L_r 间再次发生谐振,U_{Cr} 逐渐增大. 此时回路方程如下

$$\begin{cases} \dfrac{E_d}{2} = U_{Cr} + L_r \dfrac{\mathrm{d}i_{Lr}}{\mathrm{d}t} \\[2mm] i_{Lr} = -C_r \dfrac{\mathrm{d}U_{Cr}}{\mathrm{d}t} \end{cases} \qquad (2.20)$$

初始条件如下：$U_{cr}(0) = 0, i_{Lr}(0) = I_1$，于是有

$$\begin{cases} i_{Lr}(t) = \dfrac{E_d}{2X_r}\sin \omega_r t + I_1 \cos \omega_r t \\[3mm] U_{Cr}(t) = \dfrac{E_d}{2}(1 - \cos \omega_r t) + X_r I_1 \sin \omega_r t \end{cases} \tag{2.21}$$

在 t_7 时刻即 $U_{cr} = E_d$ 时模式 g 结束，因此

$$U_{Cr}(t_7) = U_{Cr}(T_6) = \frac{E_d}{2}(1 - \cos \omega_r T_2) + X_r I_1 \sin \omega_r T_2 = E_d$$

从而有

$$T_6 = \frac{1}{\omega_r}\left[\arcsin \frac{E_d}{2A_g} + \mathrm{arctg}\ \frac{E_d}{2X_r I_1} \right] \tag{2.22}$$

其中 $A_g = \sqrt{\left(\dfrac{E_d}{2}\right)^2 + X_r^2 I_1^2}$. 同时有

$$i_{Lr}(t_7) = i_{Lr}(T_6) = \frac{E_d}{2X_r}\sin \omega_r T_6 + I_1 \cos \omega_r T_6 \tag{2.23}$$

将式(2.22)带入式(2.23)可得

$$i_{Lr}(t_7) = i_{Lr}(T_6) = I_1 \tag{2.24}$$

由式(5.22)可知，当 $U_{cr} = E_d$ 时，i_{Lr} 回到了 I_1.

(8) 模式 h（D_{cl} 导通～D_{cl} 关断、V_{cl} 导通）（$t_7 \sim t_8 = T_7$）

由于 $U_{cr} = E_d$，因此 C_r 停止充电，L_r 中多余能量经 D_{cl} 返回电容 C_{dl}. 此时让 V_{cl} 导通，显然 V_{cl} 的动作是以 ZVS 方式进行的. L_r 的电流 i_{Lr} 在向 C_{dl} 回馈过程中逐渐减小. 在该过程中有

$$-L_r \frac{\mathrm{d}i_{Lr}}{\mathrm{d}t} = \frac{E_d}{2} \tag{2.25}$$

根据初始条件 $i_{Lr}(0) = I_1$ 解得

$$i_{Lr}(t) = -\frac{E_d}{2L_r}t + I_1 \tag{2.26}$$

在 t_8 时刻 $i_{Lr} = I_L$,本模式终止,从而

$$i_{Lr}(t_8) = i_{Lr}(T_7) = -\frac{E_d}{2L_r}T_7 + I_1 = I_L$$

$$T_7 = \frac{2L_r}{E_d}(I_1 - I_L) \tag{2.27}$$

(9) 模式 i(V_{c1} 导通～D_{c2} 关断)($t_8 \sim t_9 = T_8$)

L_r 的电流仍经 D_{c1} 向上侧电源 $E_d/2$ 回馈电能,直至 $i_{Lr} = 0$ 时,负载电流 I_L 完全由 E_d 提供,此时 D_{c2} 关断,又重新进入稳态运行模式. 在此模式期间有

$$-L_r\frac{\mathrm{d}i_{Lr}}{\mathrm{d}t} = \frac{E_d}{2} \tag{2.28}$$

由初始条件 $i_{Lr}(0) = I_L$ 解得

$$i_{Lr}(t) = -\frac{E_d}{2L_r}t + I_L \tag{2.29}$$

本模式在 t_9 时刻即 $i_{Lr} = 0$ 时终止,因此

$$i_{Lr}(t_9) = i_{Lr}(T_8) = -\frac{E_d}{2L_r}T_8 + I_L = 0$$

可得
$$T_8 = \frac{2L_rI_L}{E_d} \tag{2.30}$$

2.3 仿真和实验研究

2.3.1 控制系统

图 2.5 为控制系统原理框图. 一方面,通过电流极性检测环节,得

到相电流方向,从而决定采用正斜率或负斜率锯齿载波,同时根据软开关动作的时序要求,确定谐振环节功率开关元件的动作时刻,以实现零电压通断. 另一方面,通过检测线电压 e_{ST}、相电流 i_R 和直流电压 E_d,实现对系统的幅相控制,保证系统稳定工作于顺变或逆变状态.

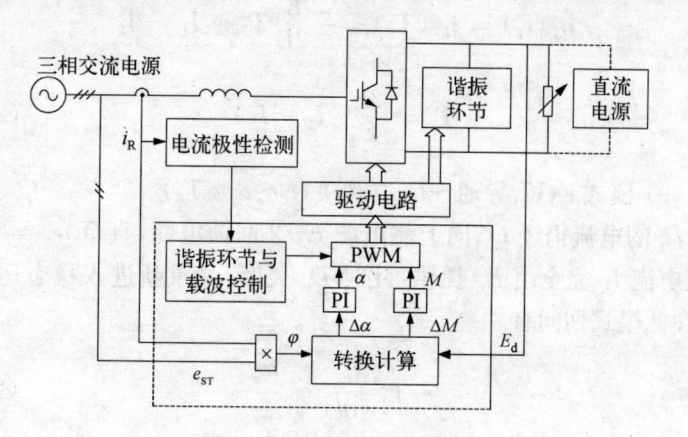

图 2.5   控制系统原理框图

2.3.2   仿真研究

对系统进行仿真研究,仿真参数为:载波频率为 3.33 kHz,输入相电压为 110 V,直流母线电压 $E_d = 250$ V,负载为 $R = 100$ Ω,串联电感 $L = 8.5$ mH,分压电容 $C_{d1} = C_{d2} = 1\,100$ μF,缓冲电容 $C_r = 8$ nF,谐振电感 $L_r = 14$ μH.

图 2.6 为开关仿真波形. 图 2.6(a)和图 2.6(b)中外侧曲线是相电压 e_R 波形,内侧曲线是相电流 i_R 波形. 图中经分析,顺变状态下位移功率因数为 1,总输入功率因数为 99.96%,输出直流电压可调. 相电流的总谐波失真为 2.85%,其中 3、5、7、9 次谐波占总谐波含量的百分比分别为:0.064%、1.386%、0.365%、0.044%. 逆变状态下,位移功率因数为 −1,总输出功率因数为 99.86%. 相电流总谐波失真为 2.91%,其中 3、5、7、9 次等谐波含量分别为:1.091%、0.641%、

0.588%、0.407%. 这说明,本直流环节谐振变流器中,电流波形的谐波失真小,可保持同相位或反相位运行.

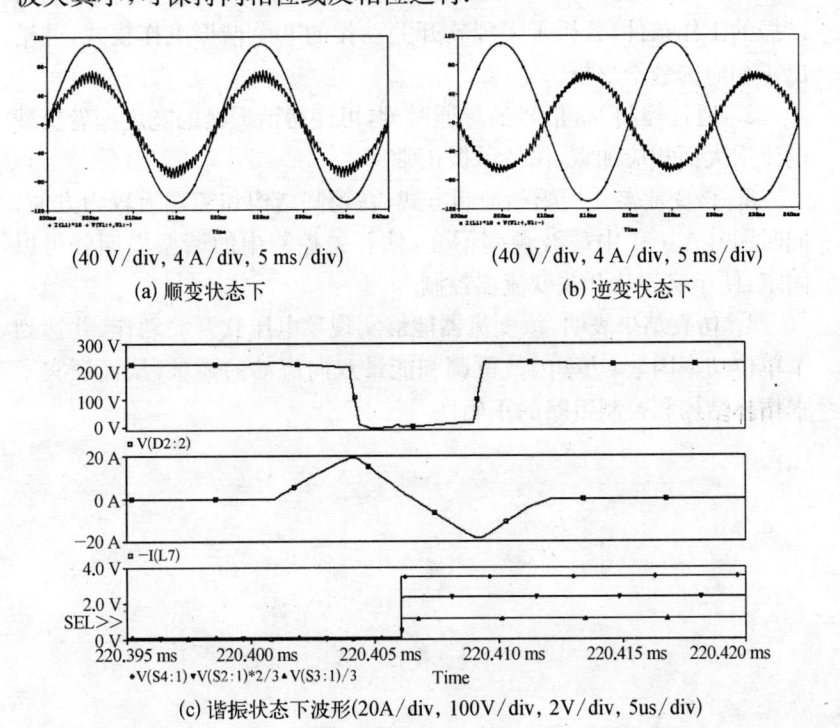

(40 V/div, 4 A/div, 5 ms/div)　　　　　(40 V/div, 4 A/div, 5 ms/div)

(a) 顺变状态下　　　　　　　　　　　(b) 逆变状态下

(c) 谐振状态下波形(20A/div, 100V/div, 2V/div, 5us/div)

图 2.6　仿真波形

图 2.6(c)中,图中上曲线变流器直流母线间电压 U_{PN} 波形,中间曲线是谐振电感上的电流 i_{Lr} 波形,下曲线是上管的驱动信号. 可以看出,当直流母线电压 U_{PN} 谐振到零时,下管 V_4、上管 V_2 和 V_3 的开通都集中在零电压谐振槽中,实现了零电压动作.

2.4　小结

本文提出一种新型零电压开关三相 PWM 电压型变流器的拓扑

结构,对其工作原理和控制方法作了深入分析和研究.

1. 所研究的 PWM 变流器的主电路结构简单.确立了等效电路、谐振的工作条件,分析了实现软开关动作的 9 个谐振工作模式,并给出了相应的数学解析.

2. 通过控制 Vs 信号的导通时刻,可使得谐振槽的宽度随着负载电流增大而相应加宽,保持谐振正常.

3. 该变流器采用幅相控制方式,在控制结构和实现上较为方便,同时因其在工作中载波频率不变,软开关控制中的谐振周期就可以固定,便于实现软开关变流器控制.

4. 仿真结果表明,该变流器能够实现零电压软开关动作,并达到了单位功率因数、功率因数可调和能量双向流动的要求,从而证实了本拓扑结构和控制策略的正确性.

第三章　基于幅相控制的
PWM 变流技术

为实现软开关 PWM 变流器工作,首先必须研究硬开关三相 PWM 变流技术.本章根据相量间的直角三角形关系和能量转换平衡原则,建立了该系统的低频数学模型,分别在顺变状态和逆变状态下,提出了一种实现单位功率因数的相量调节方式.为提高整流系统的动态性能,提出了一种电流前馈的调节方式.在实现单位功率因数控制的研究基础上,提出了可调功率因数的相量调节方式.对系统的传输功率和稳定性进行了分析.经仿真和实验结果证明,系统能够实现单位功率因数运行、功率因数可调、能量双向流动、输出直流电压可调,系统动态性能好.相电流的谐波含量非常小,正弦度好.

3.1　实现单位功率因数的相量调节方式

图 3.1 为三相 Boost 电压型 PWM 变流器主电路.图中,R_d 为变流器直流侧负载电阻,E_d 为直流母线电压.设 P_o 为输出有功功率,I_R 为 R 相电流有效值,φ 为 R 相位移功率因数角,则有

$$P_o = \frac{E_d^2}{R_d} = 3E_R I_R \cos\varphi \qquad (3.1)$$

$$I_R = \frac{E_d^2}{3R_d E_R \cos\varphi} \qquad (3.2)$$

为进一步简化分析,可将上述 PWM 变流器的一相(R 相)用等效电路来简化,如图 3.2 所示.在图中,如果忽略回路中分布电阻 R_R 的

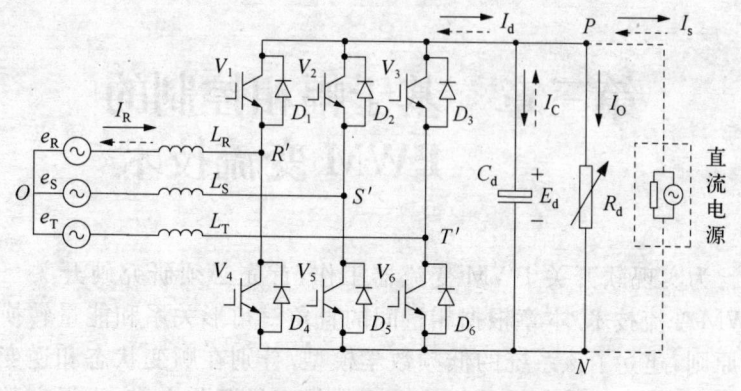

图 3.1　三相 Boost 电压型 PWM 变流器主电路

影响,设 U_X 为电感两端电压有效值,$U_{R'}$ 为 R' 相电压的基波成分有效值,则有

$$U_x = XI_R = \omega LI_R \qquad (3.3)$$

图 3.2　R 相的简化等效电路

式中,相量 I 是电源 R 相电流,ω 为交流电源工作角频率,L 为 R 相电感量.

　　为提高电源电压的利用率,这里采用了优化的鞍形波(SAPWM)调制[13],根据文献[13],可推出 SAPWM 调制生成的 R' 相电压的基波成分有效值 $U_{R'}$ 为

$$U_{R'} = \frac{ME_d}{\sqrt{3}\sqrt{2}} = \frac{ME_d}{\sqrt{6}} \qquad (3.4)$$

式中,M 是调制深度.

　　以下分别说明在顺变和逆变状态下的相量调节方式.

3.1.1　变流器工作在顺变状态

　　图 3.3 为变流器工作在顺变状态下的相量调节图. 图中,α 为相量 $\dot{E}_R$ 与 $\dot{U}_{R'}$ 的夹角,始终为滞后角. 在直角三角形 OAB 中,功率因数角 $\varphi = 0$,功率因数 $\cos\varphi = 1$.

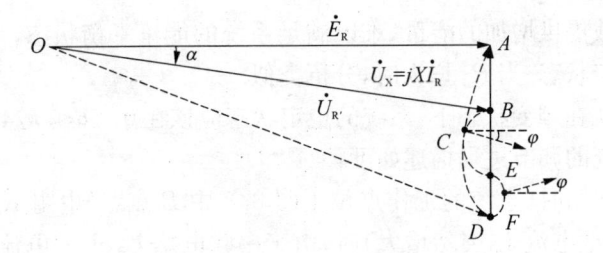

图 3.3 顺变状态下相量调节图

由式(3.1)~(3.4),可以推出

$$\cos \alpha = \frac{E_R}{U_{R'}} = \frac{\sqrt{6} E_R}{M E_d} \tag{3.5}$$

$$\sin \alpha = \frac{U_X}{U_{R'}} = \frac{\sqrt{6} \omega L E_d}{3 M R_d E_R} \tag{3.6}$$

将式(3.5)与式(3.6)相乘,经整理后可得

$$\sin 2\alpha = \frac{4\omega L}{M^2 R_d} \tag{3.7}$$

根据式(3.7),对 α 的取值范围分析如下:

1. 当 $0 < \alpha < \pi/4$ 时,随着 R_d 减小,即负载的增大,控制角 α 单调增大. 此时,在直角三角形 OAB 中,电流 I_R 随之增加,向直流侧负载提供的能量增加,以维持系统的能量平衡,系统仍处于稳定状态. 当 R_d 增大时,即负载减小,控制角 α 单调减小,分析方法类似.

2. 当 $\alpha = \pi/4$ 时, R_d 达到最小值 $R_{d(min)}$,即达到最大负载能力,可得

$$R_{d(min)} = \frac{4\omega L}{M^2} \tag{3.8}$$

上式说明,由于电网角频率 ω 固定,系统的负载能力与串联电感量成反比,与调制深度成正比.

3. 当 $\pi/4 < \alpha < \pi/2$ 时,随着 R_d 减小,即负载的增大,控制角 α 单调减小. 此时,在直角三角形 OAB 中,电流 I_R 随之减小,不能向直

流侧负载提供增加的能量,难以满足系统的能量平衡状态,系统将处于不稳定状态. 当 R_d 增大时,分析类似.

因此在顺变状态下,系统的稳定状态应该在 $0 < \alpha \leqslant \pi/4$ 区域,下面对系统的调节过程描述如下:

设起始时,系统的工作点位于图 3.3 中 B 点. 当电阻 R_d 突然减小(即负载电流 I_o 突然增大)时,由于串联电感 L_R 上的电流 I_R 不会突变,因此电容 C 在放电,电压 E_d 逐步减小,此时控制系统还未马上调节,即控制角 α 和调制深度 M 还未改变,因此 $U_{R'}$ 将变小. 随着 E_d 的减小,电容 C 的放电能力也在减弱,此时电流 I_R 逐渐增大,因此 U_X 也在增大. 反映在相量图上,即系统的工作点由原来 B 点沿着弧线 $\overparen{BC}$ 移动到 C 点,亦即相量 $\overline{OB}$ 顺时针旋转一个角度,变为 $\overline{OC}$,使 α 也增大. 显然,此时的三角形 OAC 不再是直角三角形,因此,不满足单位功率因数的控制. 此时,相电流 I_R 的方向为相量 $\overline{CA}$ 右旋 $\pi/2$ 后的方向,显然滞后于相电压 $\dot{E}_R$ 某个功率因数角 φ,如图中虚线所示.

假定在该突变负载下,系统实现单位功率因数的新工作点位于 D. 由于控制过程中不可能一次性调节成功,比如调制深度 M 增大 ΔM,相角 α 增大 $\Delta \alpha$,由于电流 I_R 增大,电容 C 开始充电,电压 E_d 逐渐增大,所以 $\dot{U}_{R'}$ 由 $\overline{OC}$ 增长到 $\overline{OE}$,相角 α 顺时针旋转 $\Delta \alpha$,即向量 $\overline{OC}$ 变为 $\overline{OE}$. 此时系统还未进入理想状态(即工作点恰落在直角边 $\overline{AB}$ 的延长线上). 进一步的调节可能使系统工作点移到 F 点,显然系统出现了超调,相电流 I_R 的方向显然超前于相电压 $\dot{E}_R$ 某个功率因数角 φ,如图中虚线所示. 为此,下一步的控制必须减小调制深度 M 一个 $\Delta M'$,同时相角 α 再增大一个 $\Delta \alpha'$,……,直至工作点逼近 D 点,系统建立一个新的平衡工作点. 随着 R_d 的减小,系统的工作点将沿着垂直沿 $\overline{AB}$ 向下移动,当 α 增加到 $\pi/4$ 时,R_d 达到最小值 $R_{d(min)}$,即达到最大负载能力.

当负载突然减小(即 R_d 增大)时,情况亦然. 为分析方便,下面假定系统的初始的稳定工作点位于图 3.3 中的 D 点. 当 R_d 突然增加

（即负载电流 I_o 突然减小）时，由于电流 I_R 不能突变，迫使电容 C 在充电，电压 E_d 将逐步增大，$\dot{U}_{R'}$ 随之变大，反映在相量图上，即系统的工作点由原来 D 点沿着弧线 $\overset{\frown}{DF}$ 移动到 F 点，亦即相量 $\overline{OD}$ 逆时针旋转一个角度，变为 $\overline{OF}$，使 α 也减小. 显然，此时的三角形 OAF 不再是直角三角形，同样不满足单位功率因数的控制. 此时，相电流 I_R 的方向超前于相电压 $\dot{E}_R$ 某个功率因数角 φ，如图中虚线所示. 通过调制深度 M 减小 ΔM，同时相角 α 减小一个 $\Delta\alpha$，……，直至工作点逼近 C 点，系统重新建立一个新的平衡工作点. 随着 R_d 的增大，系统的工作点将沿着垂直沿 $\overline{AD}$ 向上移动.

从以上分析可以看出，当负载变化时，系统的工作点必须沿着直角三角形的垂直边上下移动，才能满足单位功率因数、恒定直流电压 E_d 及系统能量平衡的要求.

3.1.2　变流器工作在逆变状态

图 3.4 为变流器工作在逆变状态下的相量图，此时直流侧电压高于交流输入侧电压的峰值，必须将电能回馈到电源侧. 在由相量 $\dot{E}_R$、$\dot{U}_{R'}$ 和 $\dot{U}_X$ 构成的三角形 OAH 中，同样有 $\dot{E}_R = \dot{U}_{R'} + \dot{U}_X$ 成立，但 α 为超前角.

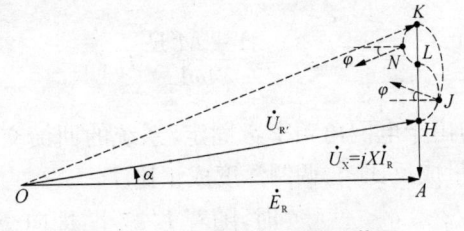

图 3.4　逆变状态下相量调节图

为分析需要，图 3.1 中将再生的直流电源等效为电流源 I_s，且用虚线表示，I_d 为变流器输出直流电流，I_o 为负载电流. 则有 $I_o = I_d + I_s$ 或 $I_d = -(I_s - I_o)$. 在直角三角形 OAH 中，功率因数角 $\varphi = \pi$（图中未示出），功率因数 $\cos\varphi = -1$，负号表示整流器回馈电功率. 设 P_o

为回馈到电网的有功功率,可得逆变状态下的能量关系为

$$P_{o} = E_{d}I_{d} = 3E_{R}I_{R}\cos\varphi \tag{3.9}$$

由式(3.1)、(3.4)、(3.9)推出

$$\sin\alpha = \frac{U_X}{U_{R'}} = \frac{\sqrt{6}\omega L I_d}{3ME_R} \tag{3.10}$$

联系到式(3.5),得

$$\sin 2\alpha = \frac{4\omega L I_d}{M^2 R_d I_o} = -\frac{4\omega L(I_s - I_o)}{M^2 R_d I_o} \tag{3.11}$$

由式(3.11)可知:α 的取值范围应在区间 $(-\pi/2, 0)$ 内. 假定 E_d 恒定,那么 I_o 保持不变,变化量只有外部电流源 I_s,分析如下:

1. 当 $-\pi/4 < \alpha < 0$ 时,随着 I_S 增大,即向交流电网回馈电能增加,控制角 α 的绝对值单调增大. 此时,在直角三角形 OAH 中,电流 I_R 随之增加,向交流电网传输增加的能量,以维持系统的能量平衡,系统仍将处于稳定状态. 当 I_S 减小时,分析类似.

2. 当 $\alpha = -\pi/4$ 时,I_S 达到最大值 $I_{S(\max)}$,即达到最大回馈电网电能能力,可得

$$I_{S(\max)} = \frac{1 + M^2 R_d}{4\omega L}I_o \tag{3.12}$$

上式说明,由于电网角频率 ω 固定,系统的回馈交流电网电能能力与串联电感量成反比,与调制深度成正比.

3. 当 $-\pi/2 < \alpha < -\pi/4$ 时,随着 I_S 减小,即向交流电网回馈电能减小,控制角 α 的绝对值单调减小. 此时,在直角三角形 OAB 中,电流 I_R 随之减小,不能向交流电网传输增加的能量,难以满足系统的能量平衡状态,系统将处于不稳定状态. 当 I_S 增大时,分析类似.

因此在逆变状态下,系统的稳定状态应该在 $-\pi/4 \leqslant \alpha < 0$ 区域,下面对系统的调节过程进行描述:

当外部直流电流 $I_s > I_o$ 变大化时，α 从 $0 \sim -\pi/4$ 负方向单调增大. 同顺变时分析类似，假设初始时系统工作在 H 点. 如果外部直流电压突然升高，即电流 I_s 增大时，电容 C 必被充电，电压 E_d 升高，由 E_d 经 PWM 调制后生成的 U_R 将变大，引起回馈电流 I_R 增大，U_X 随之增大. 因此系统工作点由原来的 H 点沿着弧线 $\overset{\frown}{HJ}$ 移动，亦即相量 $\overline{OH}$ 逆时针旋转一个角度，变为 $\overline{OJ}$，工作点移到 J，相角 α 逆时针增大. 假定系统实现单位功率因数控制的新工作点位于 K，通过增大调制深度 M 一个 ΔM，相角 α 逆时针增大 $\Delta \alpha$，……，同样需经过多次调整，才能使向量 $\overline{OH}$ 变为 $\overline{OK}$，系统达到新的平衡. 随着 I_s 的增大，系统的工作点将沿着垂直沿 $\overline{AH}$ 向上移动. 当 α 增加到 $-\pi/4$ 时，I_s 达到最大值 $I_{S(max)}$，即达到最大回馈电网电能能力.

同样可以分析当电流 I_s 减小时的调节过程.

从以上分析可以看出，当外部直流电源电压波动时，系统的工作点也必须沿着直角三角形的垂直边上下移动，才能满足单位功率因数、恒定直流电压 E_d 及系统能量平衡的要求.

3.1.3　变流器的工作区间分析

下面分析变流器的工作区间：

1. 由 3.1.1 节和 3.1.2 节分析知道，为使系统工作于顺变或逆变状态，α 角必须控制在区间 $[-\pi/4, \pi/4]$ 内，才能满足系统能量平衡的要求. 但是，如果 α 角的绝对值过小，系统将进入非工作状态，这是因为：

(1) 当变流器工作于顺变状态时，由于它是 Boost 升压型电路拓扑，其输出直流电压值必然要高于输入交流电源线电压最大值，否则系统不能工作. 因此有如下推导

$$E_d > \sqrt{2} \cdot \sqrt{3} E_R = \sqrt{6} E_R \tag{3.13}$$

将式(3.13)两端同乘以 $\dfrac{M}{\sqrt{6}}$，有

$$U_{R'} = \frac{ME_d}{\sqrt{6}} > ME_R$$

根据式(3.5)，上式可化为

$$\cos \alpha = \frac{E_R}{U'_{R'}} < \frac{1}{M}$$

由于在 PWM 变流器实际控制中，为提高电源的利用率，调制深度 M 的取值范围不小于 $M_{\min}$，即调制深度取值范围为：$M_{\min} < M < 1$，那么上式可化为

$$\cos \alpha < \frac{1}{M_{\min}}$$

即
$$\alpha > \arccos \frac{1}{M_{\min}} \tag{3.14}$$

根据实际控制经验，通常取 α 角的最小值约为

$$\alpha \approx \frac{2}{21}\pi$$

在顺变状态下，滞后角 α 不能小于 $2\pi/21$，系统工作的 α 范围约为 $[2\pi/21,\ \pi/4]$.

（2）当变流器工作于逆变状态时，由于它是 Buck 降压型电路拓扑，其外界的直流电压值必然要高于输入交流电源线电压最大值，否则系统也不能工作.

与上述(1)的顺变状态分析类似，这里同样可得到 α 角的最大值约为

$$\alpha \approx -\frac{2}{21}\pi \tag{3.15}$$

即在逆变状态下，α 角不能大于 $-2\pi/21$，系统工作的 α 范围约是 $[-\pi/4,\ -2\pi/21]$.

综合(1)和(2)可知，当 α 角在区间 $[-2\pi/21,\ 2\pi/21]$ 内时，由于直流电压过低，系统将不能正常工作，即处于非工作区.

2. 当 α 角工作在区间 $[-\pi/4, \pi/4]$ 以外时,变流器将不能满足系统能量平衡的要求,系统处于非工作状态.下面以顺变状态为例,进一步分析.

图 3.5 为控制相量图.图中,设变流器调整期间的控制角为 α,变流器输入电流 I_R 落后于电源相电压 E_R 的相角为 φ,显然有如下关系

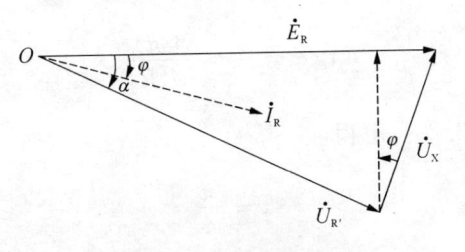

图 3.5　控制相量图

$$U_{R'} \sin \alpha = U_X \cos \varphi \qquad (3.16)$$

$$E_R = U_{R'} \cos \alpha + U_X \sin \varphi \qquad (3.17)$$

由式(3.16)、(3.17)得

$$\mathrm{tg}\, \varphi = (E_R - U_{R'} \cos \alpha)/U_{R'} \sin \alpha = \frac{\sqrt{6} E_R}{M E_d \sin \alpha} - \mathrm{ctg}\, \alpha \quad (3.18)$$

由式(3.3)、(3.4)和(3.16)得

$$\sin \alpha = \frac{U_X}{U_{R'}} \cos \varphi = \frac{\sqrt{6} \omega L E_d}{3 M E_R R_d}$$

$$E_R = \frac{\sqrt{6} \omega L E_d}{3 M R_d \sin \alpha} \qquad (3.19)$$

将式(3.19)代入式(3.18),有

$$\mathrm{tg}\, \varphi = \frac{2 \omega L}{M^2 R_d \sin^2 \alpha} - \mathrm{ctg}\, \alpha \qquad (3.20)$$

式(3.20)对 α 求偏导数,有

$$(\sec^2 \varphi)\varphi' = \frac{\sin^2 \alpha - A \sin \alpha \cos \alpha}{\sin^4 \alpha} \tag{3.21}$$

其中

$$A = \frac{4\omega L}{M^2 R_d}$$

令 $\sin^2 \alpha - A \sin \alpha \cos \alpha = 0$，则有

$$\operatorname{tg} \alpha = A = \frac{4\omega L}{M^2 R_d} \tag{3.22}$$

由式(3.7)和(3.22)，解得

$$\alpha = \frac{\pi}{4}$$

由式(3.21)可以看出，当 $\alpha < \pi/4$ 时，φ' 为负，即 φ 随着 α 的增大而单调减小. 当 $\alpha > \pi/4$ 时，φ' 为正，φ 随着 α 的增大而单调增大. 因而，继续沿用原来的方法控制时，系统将向相反的方向调节，最终导致失控.

同样对逆变状态下进行分析，也可以知道当 $\alpha < -\pi/4$ 时，继续沿用原来的方法控制时，系统将向相反的方向调节，最终也将导致失控.

因此，根据上述讨论，可以作出 α 角的工作区间图，如图 3.6 所示.

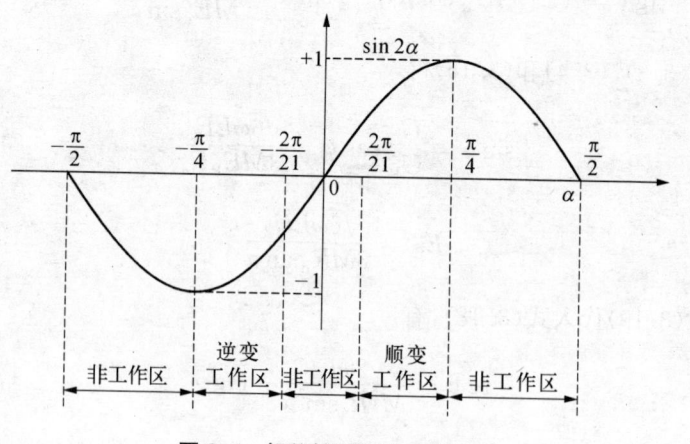

图 3.6　相位控制角的工作区间

3.2 电流前馈控制方式

从 3.1 节的分析中可以看出，当负载或电源波动时，系统必须寻找新的工作平衡点，才能确保功率因数为 1 的整流或逆变. 这就需要不断地在线检测 α 角和电压 E_d，而 α 角的检测在一个周期中只能获得一次，从而使系统的动态响应受到影响. 提高系统的动态性能，意味着工作点应尽量沿图 3.3 和图 3.4 中垂直线附近移动，花费时间最短，为此提出了一种电流前馈控制方式.

下面分析一下图 3.1 的瞬态情况. 在顺变状态下，不考虑 I_s，如果负载突增，由于输入侧串联电感的作用，整流器无法立即增大输入能量，因此，此时只能由电容 C 提供突增的电流，则系统下一个可控状态下的输出直流电流可表示为

$$I'_d = I_d + \Delta I_d = I_d + I_c = I_d + C\frac{\mathrm{d}E_d}{\mathrm{d}t} \tag{3.23}$$

根据整流器交流侧和直流侧能量平衡的关系，有

$$3E_R I'_R = E_d I'_d = E_d I_d + CE_d\frac{\mathrm{d}E_d}{\mathrm{d}t} \tag{3.24}$$

由图 3.3 的直角三角形关系知道，负载变化前与变化后输入电流 I_R、$I_{R'}$ 分别为

$$I_R = \frac{E_R}{\omega L}\mathrm{tg}\,\alpha \tag{3.25}$$

$$I'_R = \frac{E_R}{\omega L}\mathrm{tg}(\alpha + \Delta\alpha) \tag{3.26}$$

由式(3.25)有，负载变化前系统传输的功率为

$$E_d I_d = 3E_R I_R = \frac{3E_R^2}{\omega l}\mathrm{tg}\,\alpha \tag{3.27}$$

将式(3.26)和(3.27)代入式(3.24)的左右两边,有

$$\frac{3E_R^2}{\omega l}\left[\operatorname{tg}(\alpha+\Delta\alpha)\right]=\frac{3E_R^2}{\omega l}\operatorname{tg}\alpha+E_d C\frac{dE_d}{dt}$$

$$\frac{3E_R^2}{\omega l}\left[\operatorname{tg}(\alpha+\Delta\alpha)-\operatorname{tg}\alpha\right]=E_d C\frac{dE_d}{dt} \tag{3.28}$$

所以

$$\operatorname{tg}(\alpha+\Delta\alpha)-\operatorname{tg}\alpha=\frac{\omega l E_d}{3E_R^2}C\frac{dE_d}{dt} \tag{3.29}$$

因 $\Delta\alpha$ 较小,作如下线性化处理

$$\operatorname{tg}(\alpha+\Delta\alpha)-\operatorname{tg}\alpha\approx k_0\Delta\alpha \tag{3.30}$$

式中 k_0 为线性化系数. 上式代入式(3.28),有

$$k_0\Delta\alpha=\frac{\omega l E_d}{3E_R^2}C\frac{dE_d}{dt}$$

所以

$$\Delta\alpha=k_1\frac{dE_d}{dt},\ k_1=\frac{\omega l E_d C}{3k_0 E_R^2} \tag{3.31}$$

又由式(3.3)知道,在原平衡状态下,输入电流 I_R 为

$$I_R=\frac{U_X}{\omega l}=\frac{U_{R'}}{\omega l}\sin\alpha=\frac{ME_d}{\sqrt{6}\omega l}\sin\alpha \tag{3.32}$$

则在新平衡状态下的输入相电流 I_R' 为

$$I_R'=\frac{(M+\Delta M)E_d}{\sqrt{6}\omega l}\sin(\alpha+\Delta\alpha) \tag{3.33}$$

因此,新增的能量为

$$E_d\Delta I_d=3E_R(I_R'-I_R)=\frac{3E_R E_d}{\sqrt{6}\omega l}\left[(M+\Delta M)\sin(\alpha+\Delta\alpha)-M\sin\alpha\right]$$

约去上式两边 E_d 后,有

$$M[\sin(\alpha+\Delta\alpha)-\sin\alpha]+\Delta M\sin(\alpha+\Delta\alpha)=\frac{\sqrt{6}\omega l}{3E_R}C\frac{dE_d}{dt} \quad (3.34)$$

$$\Delta M=-\frac{M[\sin(\alpha+\Delta\alpha)-\sin\alpha]}{\sin(\alpha+\Delta\alpha)}+\frac{\sqrt{6}\omega lC}{3E_R\sin(\alpha+\Delta\alpha)}\frac{dE_d}{dt} \quad (3.35)$$

因为 $\Delta\alpha$ 较小,作如下作线性化处理

$$\sin(\alpha+\Delta\alpha)-\sin\alpha=k_2\Delta\alpha \quad (3.36)$$

式中 k_2 为线性化系数. 式(3.25)右边第二项很小,将其忽略,则有

$$\Delta M\approx-\frac{k_2M\Delta\alpha}{\sin(\alpha+\Delta\alpha)} \quad (3.37)$$

由式(3.31)、(3.37)可以看出,通过检测直流电压的变化量,可转化为系统下一个平衡状态的附加控制量 $\Delta\alpha$ 和 ΔM. 为了提高系统的快速性,可根据式(3.31)、(3.37)在控制系统中由采样的 E_d 求出附加控制量 $\Delta\alpha$ 和 ΔM,并以此作为前馈量分别加到控制系统中的"调制信号相位控制"和"调制深度控制"的输入端,经如下运算后作为下一次控制的相位控制角 $\alpha(n+1)$ 和调制深度 $M(n+1)$.

$$\alpha(n+1)=\alpha(n)+\Delta\alpha \quad (3.38)$$

$$M(n+1)=M(n)+\Delta M \quad (3.39)$$

3.3 实现可调功率因数的相量调节方式

在局域电网中,为了改善电网的功率因数、提高电网品质,常常附加功率补偿装置. 对于由三相全桥电路组成的 PWM 变流器来说,通过调整其功率因数,可实现从电网吸收无功功率或者向电网回馈无功功率,从而在减小电网谐波含量的同时,省去了无功补偿装置. 下面根据节 3.1 作进一步分析.

3.3.1 变流器工作在顺变状态

变流器工作在顺变状态下,通过控制相电流滞后或超前于相电压某个功率因数角,可以从电网吸收容性或感性的无功功率,下面分两种情况分析:

1. 从电网吸收感性无功功率

图 3.7 为吸收感性无功功率的相量调节图. 图中,α 为相量 $\dot{E}_R$ 与 $\dot{U}_{R'}$ 的夹角,相量 $\dot{I}_R$ 滞后于相量 $\dot{E}_R$ 的角度为 φ. 在三角形 OAB 中,由式(3.1)～(3.4)可以推出

$$\sin \alpha = \frac{U_X \cos \varphi}{U_{R'}} = \frac{\sqrt{6}\omega L E_d}{3 M R_d E_R} \tag{3.40}$$

$$\cos \alpha = \frac{E_R - U_X \sin \varphi}{U_{R'}} = \frac{\sqrt{6}}{M E_d}\left(E_R - \frac{\omega L E_d^2}{3 R_d E_R} \mathrm{tg}\, \varphi \right) \tag{3.41}$$

由式(3.40)和式(3.41)可得

$$\sin 2\alpha = 2\sin \alpha \cos \alpha = \frac{4\omega L}{M^2 R_d} - \frac{4}{3}\left(\frac{\omega L E_d}{M R_d E_R} \right)^2 \mathrm{tg}\, \varphi \tag{3.42}$$

又因 $\sin 2\alpha \leqslant 1$,则(3.42)经整理后可得

$$R_d^2 - \frac{4\omega L}{M^2} R_d + \frac{4}{3}\left(\frac{\omega L E_d}{M R_d E_R} \right)^2 \mathrm{tg}\, \varphi \geqslant 0 \tag{3.43}$$

从中可求得不等式的根为:

$$R_{d1} = \frac{2\omega L}{M^2}\left(1 + \sqrt{1 - \frac{M^2 E_d^2}{3 E_R^2} \mathrm{tg}\, \varphi} \right),$$

$$R_{d2} = \frac{2\omega L}{M^2}\left(1 - \sqrt{1 - \frac{M^2 E_d^2}{3 E_R^2} \mathrm{tg}\, \varphi} \right)$$

因此,R_d 的最小值为

$$R_{\text{dmin}} = \frac{2\omega L}{M^2}\left[1 + \sqrt{1 - \frac{M^2 E_{\text{d}}^2}{3E_{\text{R}}^2}\text{tg}\,\varphi}\,\right] \tag{3.44}$$

在式(3.43)的不等式根中,由于

$$\Delta \doteq 1 - \frac{M^2 E_{\text{d}}^2}{3E_{\text{R}}^2}\text{tg}\,\varphi \geqslant 0$$

则有

$$\text{tg}\,\varphi \leqslant \frac{3E_{\text{R}}^2}{M^2 E_{\text{d}}^2}$$

从而可求得功率因数角 φ 的最大值为

$$\varphi_{\max} = \text{arctg}\,\frac{3E_{\text{R}}^2}{M^2 E_{\text{d}}^2} \tag{3.45}$$

在图 3.7 中,当负载 R_{d} 波动时,需要保持一定功率因数角 φ. 当 R_{d} 减小(即负载增大)时,可调节相量 $\overline{OB}$ 到相量 $\overline{OC}$,工作点将从起始点 B,围绕着 $\overline{AB}$ 的延长线在 $\overline{BC}$ 上波动,最终落在工作点 C 上. 反之,当 R_{d} 增大(即负载减小)时,可调节相量 $\overline{OC}$ 到相量 $\overline{OB}$,工作点将由点 C 围绕着直线 $\overline{CB}$ 向 B 点移动,直至 B 点.

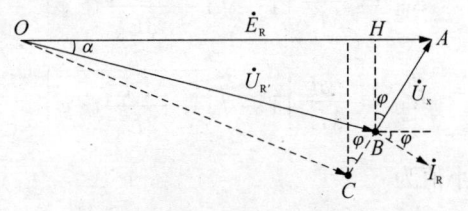

图 3.7 吸收感性无功功率的相量调节图

2. 从电网吸收容性无功功率

图 3.8 为吸收容性无功功率的相量调节图. 图中,α 为相量 $\dot{E}_{\text{R}}$ 与 $\dot{U}_{\text{R'}}$ 的夹角,相量 $\dot{I}_{\text{R}}$ 超前于相量 $\dot{E}_{\text{R}}$ 的角度为 φ,即功率因数角. 在三角形 ODE 中,由式(3.1)~(3.4)可以推出

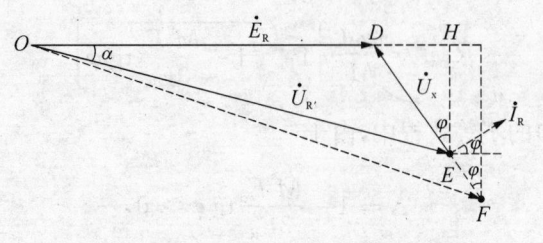

图 3.8 吸收容性无功功率的相量调节图

$$\cos \alpha = \frac{E_R + U_X \sin \varphi}{U_{R'}} = \frac{\sqrt{6}}{M E_d} \left(E_R + \frac{\omega L E_d^2}{3 R_d E_R} \mathrm{tg}\, \varphi \right) \quad (3.46)$$

由式(3.40)和式(3.46)可得

$$\sin 2\alpha = 2 \sin \alpha \cos \alpha = \frac{4 \omega L}{M^2 R_d} + \frac{4}{3} \left(\frac{\omega L E_d}{M R_d E_R} \right)^2 \mathrm{tg}\, \varphi \quad (3.47)$$

又因 $\sin 2\alpha \leqslant 1$，则式(3.47)经整理后可得

$$R_d^2 - \frac{4 \omega L}{M^2} R_d - \frac{4}{3} \left(\frac{\omega L E_d}{M R_d E_R} \right)^2 \mathrm{tg}\, \varphi \geqslant 0 \quad (3.48)$$

由上式可求得不等式的根为：

$$R_{d1} = \frac{2 \omega L}{M^2} \left[1 + \sqrt{1 + \frac{M^2 E_d^2}{3 E_R^2} \mathrm{tg}\, \varphi} \right]$$

$$R_{d2} = \frac{2 \omega L}{M^2} \left[1 - \sqrt{1 + \frac{M^2 E_d^2}{3 E_R^2} \mathrm{tg}\, \varphi} \right]$$

因此，R_d 的最小值为

$$R_{d\min} = \frac{2 \omega L}{M^2} \left[1 + \sqrt{1 + \frac{M^2 E_d^2}{3 E_R^2} \mathrm{tg}\, \varphi} \right]$$

在式(3.48)的不等式根中，由于

$$\Delta = 1 + \frac{M^2 E_d^2}{3 E_R^2} \mathrm{tg}\, \varphi \geqslant 0$$

则有

$$\mathrm{tg}\,\varphi \geqslant -\frac{3E_{\mathrm{R}}^2}{M^2 E_{\mathrm{d}}^2}$$

从而可求得功率因数角 φ 的最大值为

$$\varphi_{\max} = -\arctan \frac{3E_{\mathrm{R}}^2}{M^2 E_{\mathrm{d}}^2} \tag{3.49}$$

在图 3.8 中,当负载 R_{d} 波动时,需要保持一定功率因数角 φ. 当 R_{d} 减小即负载增大时,可调节相量 $\overline{OE}$ 到相量 $\overline{OF}$,工作点将从起始点 E,围绕着 $\overline{DE}$ 的延长线在 $\overline{EF}$ 上波动,最终落在工作点 F 上. 反之,当 R_{d} 增大(即负载减小)时,可调节相量 $\overline{OF}$ 到相量 $\overline{OE}$,工作点将由点 F 围绕着直线 $\overline{FE}$ 向 E 点移动,直至 E 点.

3.3.2 变流器工作在逆变状态

变流器工作在逆变状态下,通过控制相电流滞后或超前于相电压某个功率因数角,可以向电网回馈容性或感性的无功功率,分以下两种情况分析:

1. 向电网回馈感性无功功率

图 3.9 为回馈感性无功功率的相量调节图. 图中,α 为相量 $\dot{E}_R$ 与 $\dot{U}_{R'}$ 的夹角,相量 $\dot{I}_R$ 超前于相量 $\dot{E}_R$ 的角度为 φ,即功率因数角. 在三角形 OJK 中,由式(3.3)、(3.4)和(3.9)推出

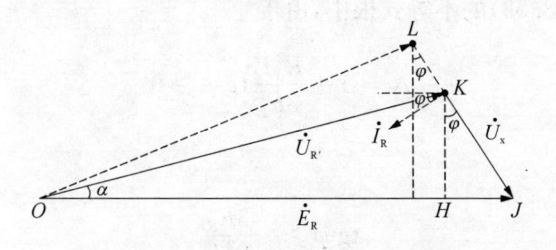

图 3.9 回馈感性无功功率的相量调节图

$$\sin \alpha = \frac{U_X \cos \varphi}{U_{R'}} = \frac{\sqrt{6}\omega L I_d}{3ME_R} \tag{3.50}$$

$$\cos \alpha = \frac{E_R - U_X \sin \varphi}{U_{R'}} = \frac{\sqrt{6}}{ME_d}\left(E_R - \frac{\omega L E_d I_d}{3E_R}\text{tg }\varphi\right) \tag{3.51}$$

由式(3.50)和式(3.51)可得

$$\sin 2\alpha = 2\sin \alpha \cos \alpha = \frac{4\omega L I_d}{M^2 R_d I_o} - \frac{4}{3}\left(\frac{\omega L I_d}{ME_R}\right)^2 \text{tg }\varphi \tag{3.52}$$

又因 $\sin 2\alpha \geqslant -1$，则式(3.52)经整理后可得

$$\frac{4}{3}\left(\frac{\omega L}{ME_R}\right)^2 \text{tg }\varphi I_d^2 - \frac{4\omega L I_d}{M^2 R_d I_o}I_d - 1 \leqslant 0 \tag{3.53}$$

由上式可求得不等式的根为

$$I_{d1} = \frac{2\omega L}{M^2 R_d I_o}\left[1 + \sqrt{1 + \frac{R_d^2 I_o^2}{3E_R^2}\text{tg }\varphi}\right],$$

$$I_{d2} = \frac{2\omega L}{M^2 R_d I_o}\left[1 - \sqrt{1 + \frac{R_d^2 I_o^2}{3E_R^2}\text{tg }\varphi}\right]$$

又因 $I_d = -(I_s - I_o)$，因此，I_s 的最大值为

$$I_{smax} = I_o - \frac{2\omega L}{M^2 R_d I_o}\left[1 - \sqrt{1 + \frac{R_d^2 I_o^2}{3E_R^2}\text{tg }\varphi}\right] \tag{3.54}$$

在式(3.53)的不等式根中，由于

$$\Delta = 1 + \frac{R_d^2 I_d^2}{3E_R^2}\text{tg }\varphi \geqslant 0$$

则有

$$\text{tg }\varphi \geqslant -\frac{3E_R^2}{R^2 I_d^2}$$

因此可求得功率因数角 φ 的最小值为

$$\varphi_{\max} = -\operatorname{arctg} \frac{3E_R^2}{R^2 I_d^2} \qquad (3.55)$$

在图 3.9 中,当外部直流电压变化时,即电流 I_s 变化时,需要保持一定功率因数角 φ. 当电流 I_s 增大时,可调节相量 $\overline{OK}$ 到相量 $\overline{OL}$,工作点将从起始点 K,围绕着 $\overline{JK}$ 的延长线在 $\overline{KL}$ 上波动,最终落在工作点 L 上. 反之,当电流 I_s 减小时,可调节相量 $\overline{OL}$ 到相量 $\overline{OK}$,工作点将由点 L 围绕着 $\overline{LK}$ 向 K 点移动,直至 K 点.

2. 向电网回馈容性无功功率

图 3.10 为回馈容性无功功率的相量调节图. 图中,α 为相量 $\dot{E}_R$ 与 $\dot{U}_{R'}$ 的夹角,相量 $\dot{I}_R$ 滞后于相量 $-\dot{E}_R$ 的角度为 φ. 在三角形 OJP 中,由式(3.3)、(3.4)和(3.9)推出

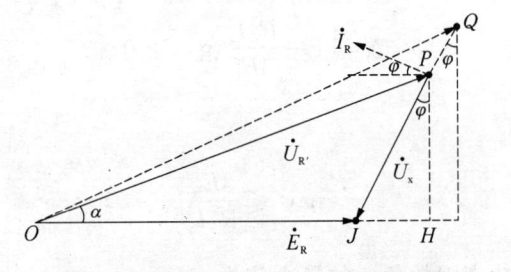

图 3.10 回馈容性无功功率的相量调节图

$$\cos \alpha = \frac{E_R + U_X \sin \varphi}{U_{R'}} = \frac{\sqrt{6}}{ME_d}\left(E_R + \frac{\omega L E_d I_d}{3E_R}\operatorname{tg}\varphi\right) \qquad (3.56)$$

由式(3.50)和式(3.56)可得

$$\sin 2\alpha = 2\sin \alpha \cos \alpha = \frac{4\omega L I_d}{M^2 R_d I_o} + \frac{4}{3}\left(\frac{\omega L I_d}{ME_R}\right)^2 \operatorname{tg}\varphi \qquad (3.57)$$

又因 $\sin 2\alpha \geqslant -1$,则式(3.57)经整理后可得

$$\frac{4}{3}\left(\frac{\omega L}{ME_R}\right)^2 \operatorname{tg} \varphi I_d^2 + \frac{4\omega L I_d}{M^2 R_d I_o} I_d + 1 \geqslant 0 \qquad (3.58)$$

由上式可求得不等式的根为

$$I_{d1} = \frac{2\omega L}{M^2 R_d I_o}\left(1 + \sqrt{1 - \frac{R_d^2 I_o^2}{3E_R^2} \operatorname{tg} \varphi}\right),$$

$$I_{d2} = \frac{2\omega L}{M^2 R_d I_o}\left(1 - \sqrt{1 - \frac{R_d^2 I_o^2}{3E_R^2} \operatorname{tg} \varphi}\right)$$

又因 $I_d = -(I_s - I_o)$，因此，I_s 的最大值为

$$I_{smax} = I_o - \frac{2\omega L}{M^2 R_d I_o}\left(1 + \sqrt{1 - \frac{R_d^2 I_o^2}{3E_R^2} \operatorname{tg} \varphi}\right) \qquad (3.59)$$

在式(3.58)的不等式根中，由于

$$\Delta = 1 - \frac{R_d^2 I_d^2}{3E_R^2} \operatorname{tg} \varphi \geqslant 0$$

则有

$$\operatorname{tg} \varphi \leqslant \frac{3E_R^2}{R^2 I_d^2}$$

从而可求得功率因数角 φ 的最大值为

$$\varphi_{max} = \operatorname{arctg} \frac{3E_R^2}{R^2 I_d^2} \qquad (3.60)$$

在图 3.10 中，当外部直流电压变化时，即电流 I_s 变化时，需要保持一定功率因数角 φ. 当电流 I_s 增大时，可调节相量 $\overline{OP}$ 到相量 $\overline{OQ}$，工作点将从起始点 P，$\overline{JP}$ 的延长线在 $\overline{PQ}$ 上波动，最终落在工作点 Q 上. 反之，当电流 I_s 减小时，可调节相量 $\overline{OQ}$ 到相量 $\overline{OP}$，工作点将由点 Q 围绕着直线 $\overline{QP}$ 向点 P 移动，直至点 P.

3.4 系统传输功率与稳定性的分析

3.4.1 传输功率与 α、M 的关系

在图 3.2 中,忽略了 R_R 后,可得回路的电压方程

$$L \frac{\mathrm{d}i}{\mathrm{d}t} = e_R(t) - u_{R'}(t) \tag{3.61}$$

又因

$$e_R(t) = \sqrt{2} E_R \sin \omega t$$

$$u_{R'}(t) = \sqrt{2} U_{R'} \sin(\omega t - \alpha)$$

代入式(3.61)中,得方程(3.61)的解

$$i_R = \frac{\sqrt{2}}{\omega l} [U_{R'} \cos(\omega t - \alpha) - E_R \cos \omega t] \tag{3.62}$$

根据式(3.62),计算变流器的平均输入功率

$$P_i = 3 \cdot \frac{1}{T} \int_0^T e_R(t) \cdot i_R(t) \mathrm{d}t \tag{3.63}$$

式中 T 为电源周期.解上式得

$$P_i = \frac{\sqrt{6}}{2\omega l} M E_d E_R \sin \alpha \tag{3.64}$$

由式(3.64)可以看出,相位控制角 α 的正负决定着变流器工作在顺变模式还是逆变模式,如图 3.6 所示.如果 R' 端的 PWM 电压相位超前于电源电压,则变流器工作在逆变模式;如果滞后于电源电压,则变流器工作在顺变模式.

变流器稳定运行时必须保持输入功率和输出功率的平衡,式(3.64)表示从电源输入整流器的功率,该功率必须与直流功率 P_O 相

等. 因为直流侧电压为 E_d, 同时等效电阻为 R_d(逆变时为负值), 则直流功率为

$$P_O = \frac{E_d^2}{R_d} \tag{3.65}$$

令 $P_i = P_O$, 联立解式(3.64)、(3.65), 得

$$E_d = \frac{\sqrt{6}}{2\omega l} R_d E_R M \sin \alpha \tag{3.66}$$

式(3.66)指出, 系统在稳态时(功率处于平衡状态下)输出电压与 α 和 M 的关系. 将上式代入式(3.65), 有

$$P_O = \frac{E_d^2}{R_d} = \frac{3}{2\omega l} M^2 R_d E_R^2 \sin^2 \alpha \tag{3.67}$$

由于整流和逆变体现在 α 的符号上, 为了方便, 在下面的分析中, 只考虑顺变的情况, 所得的结论同样适合于逆变, 只是符号相反.

式(3.67)给出了变流器控制角 α 和调制深度 M 与传输功率 P_O 的关系, 对于给定的输入电压, 电感 L 直接决定了变流器传输的功率容量. 可以看出, 传输功率 P_O 与 M 调制深度的平方成正比, 与相位控制角 α 的正弦的平方成正比.

3.4.2　关于稳定性问题

图 3.6 所示, PWM 整流器在系统控制时存在非工作区, 因此必须保证在控制过程中控制量 α、M 与被控制量 φ 之间保持单调关系, 否则系统会崩溃. 下面分析 α、M 与被控制量功率因数角 φ 之间的关系.

先将式(3.62)化为

$$i_R = \frac{\sqrt{2}\sqrt{E_R^2 + U_{R'}^2 - 2E_R U_{R'} \cos \alpha}}{\omega l} \sin(\omega t - \varphi)$$

其中
$$\varphi = \text{arctg}\left(\frac{E_{\mathrm{R}} - U_{R'}\cos\alpha}{U_{R'}\sin\alpha}\right)$$

$$\text{tg}\,\varphi = \frac{E_{\mathrm{R}} - U_{R'}\cos\alpha}{U_{R'}\sin\alpha} \tag{3.68}$$

可以看出,功率因数角 φ 可以通过 α 来控制. 将式(3.66)的 E_{R} 和式(3.4)的 $U_{R'}$ 代入式(3.68),得

$$\text{tg}\,\varphi = \frac{2\omega l}{M^2 R_{\mathrm{d}}}(1 + \text{ctg}^2\alpha) - \text{ctg}\,\alpha \tag{3.69}$$

式(3.69)指出,M 与功率因数角 φ 之间存在单调的控制关系. 式 (3.69)对 α 求偏微分 $\dfrac{\partial\varphi}{\partial\alpha}$,有

$$\sec^2\varphi \cdot \frac{\partial\varphi}{\partial\alpha} = \left(1 - \frac{4\omega l}{M^2 R_{\mathrm{d}}} \cdot \text{ctg}\,\alpha\right) \cdot \csc^2\alpha \tag{3.70}$$

令

$$1 - \frac{4\omega l}{M^2 R_{\mathrm{d}}} \cdot \text{ctg}\,\alpha = 0 \tag{3.71}$$

求解式(3.71),有

$$\alpha = \text{arctg}\left(\frac{4\omega l}{M^2 R_{\mathrm{d}}}\right) \tag{3.72}$$

令 α_c 为 α 的临界值,则有 $\alpha_c = \text{arctg}(4\omega l/M^2 R_{\mathrm{d}})$. 由式(3.70)、 (3.72)可见,对于给定的 M,在 $0 < \alpha < \alpha_c$ 的范围内,φ 随 α 单调下降, 在 $\alpha_c < \alpha < \pi/2$ 的范围内,φ 随 α 单调上升. 上述式(3.52)完全是采用 代数的方法进行分析.

将式(3.72)的 α 代入式(3.69),有

$$\cos(\varphi - 2\alpha_c) = 0$$

令 $\varphi - 2\alpha_c = \pi/2$，可求得

$$\alpha_c = \pi/4 + \varphi/2 \tag{3.73}$$

这里 $\varphi \neq 0$. 如果令 $\varphi = 0$，则有 $\alpha_c = \pi/4$，它与 3.31 节得结论完全一致. 另外，将式（3.4）代入式（3.68），可求出

$$E_d = \frac{\sqrt{6}E_R \cos\varphi}{M\cos(\varphi - \alpha)} \tag{3.74}$$

式（3.74）指出 E_d 与 M 之间有着单调的反比关系. 利用式（3.74）求 E_d 对 α 的微分，有

$$\frac{dE_d}{d\alpha} = \frac{\sqrt{6}E_R \cos\varphi \sin(\alpha - \varphi)}{M\cos^2(\alpha - \varphi)} \tag{3.75}$$

式（3.75）给出了 α 变化对直流电压的影响：如果 $\alpha > \varphi$，则 E_d 与 α 有单调增关系，反之有单调减关系. α 对功率因数进行调节的同时，也将导致直流电压的变化.

3.5 仿真研究

1. 仿真系统原理

图 3.11 为仿真系统原理框图. 图中 C_d 为滤波电容，R_d 为等效负载电阻. 假定 C_d 容量为充分大，从而可认为 E_d 是恒定的，即可以不考虑 C_d 的充放电电流，而电流 I_d 就是负载电阻 R_d 的电流. 控制时，先检测三相交流电源 R 相的电压 e_R，经 $\pi/2$ 相位延迟后作为 PLL 相位检波器的相位基准 U_{RP}. 在相位检波器中 U_{RP} 和 R 相电流 i_R 进行相位比较，其差值经 LPF 低通滤波后，用于调整图 3.3 中调制信号 $U_{R'}$ 的初始相位 α；另一方面，检测整流器的输出直流电压 E_d，并与设定值 E_d^* 比较，其差值经调制深度控制处理后，用于调整图 3.3 中调制信号的调制深度 M. 由 PWM 生成器生成的脉冲信号用于控制整流器各桥臂开关的导通与关断.

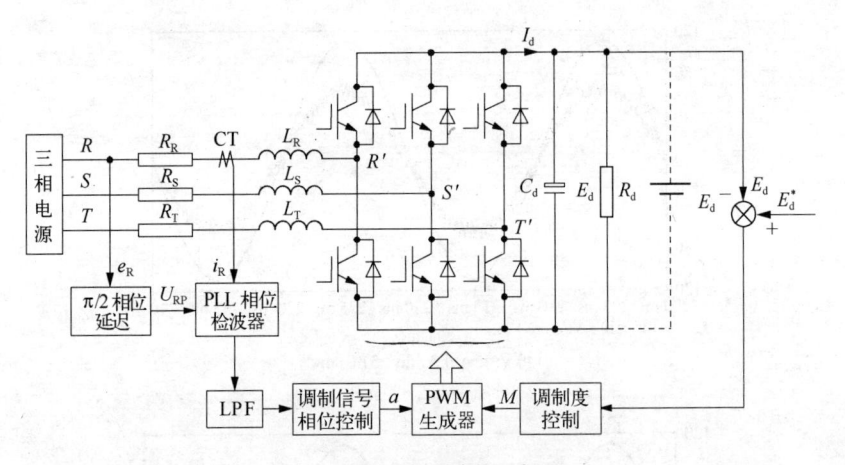

图 3.11 仿真系统原理框图

2. 仿真结果

采用 PSPICE 软件对 PWM 变流器进行了仿真. 仿真时采用的参数为: 三相电源频率 $f = 50\,\text{Hz}$; 三相电源相电压 $U_R = 110\,\text{V}$; 电感 $L = 8.5\,\text{mH}$; 布线电阻 $R_R = 50\,\text{m}\Omega$; 载波频率 $f_s = 2.5\,\text{kHz}$; 直流侧电容 $C = 1\,100\,\mu\text{F}$; 负载电阻 $R = 50\,\Omega$.

图 3.12 为相电压和相电流的仿真波形, 其中外部曲线为相电压波形, 内部曲线为相电流波形. 从图中可以看出, 仿真结果可实现相电流与相电压的同相位或反相位运行, 不但可以实现功率因数为 1, 还可以实现功率因数超前或滞后的任意控制, 从而达到向负载提供电功率或由外部直流电源向电网回馈电能的双向能量传送的功能.

图 3.13 为相电流频谱分析. 图 3.13(a)中, $\varphi = 0°$ 时, 相电流的 3、5、7、9 次谐波所占百分比分别为 0.052%、1.111%、0.495%、0.061%, 相电流谐波总畸变率 THD 为 1.547%; 图 3.13(b)中, $\varphi = \pi$ 时, 相电流的 3、5、7、9 次谐波所占百分比分别为 2.004%、0.563%、0.025%、0.008%, 相电流谐波总畸变率 THD 为 2.103%. 从相电流的频谱分析曲线可以看出, 相电流波形的正弦度好、谐波含量低.

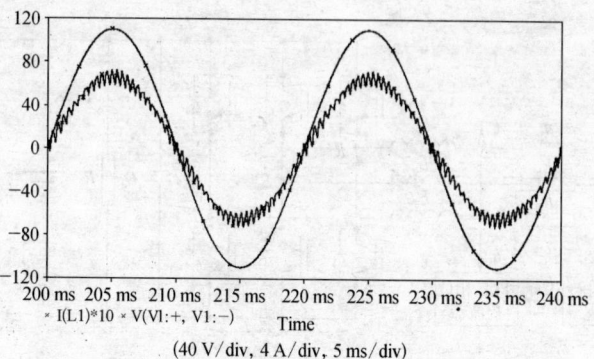

(40 V/div, 4 A/div, 5 ms/div)

(a) 顺变状态下，$\varphi=0°$

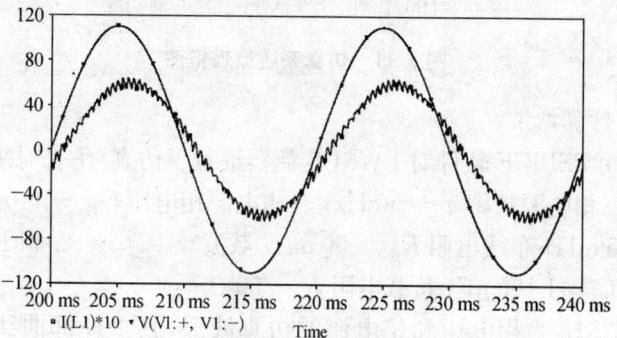

(40 V/div, 4 A/div, 5 ms/div)

(b) 顺变状态下，$\varphi=\pi/10$

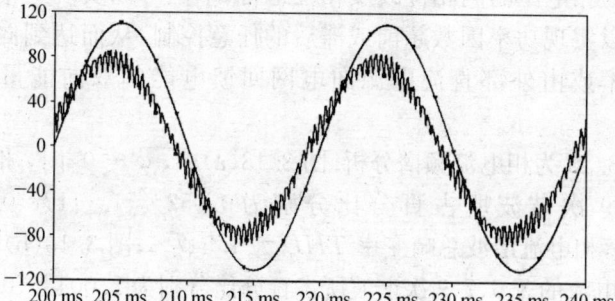

(40 V/div, 4 A/div, 5 ms/div)

(c) 顺变状态下，$\varphi=-\pi/10$

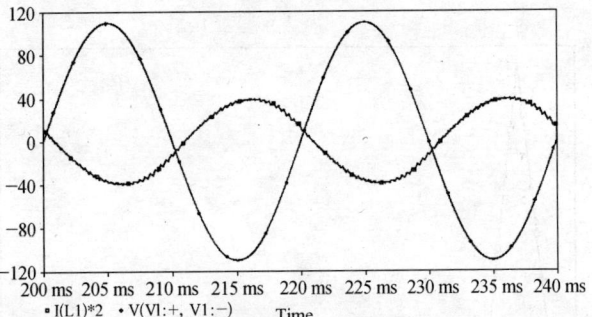

• I(L1)*2 • V(VI:+, VI:−)

(40 V/div, 20 A/div, 5 ms/div)

(d) 逆变状态下，$\varphi=\pi$

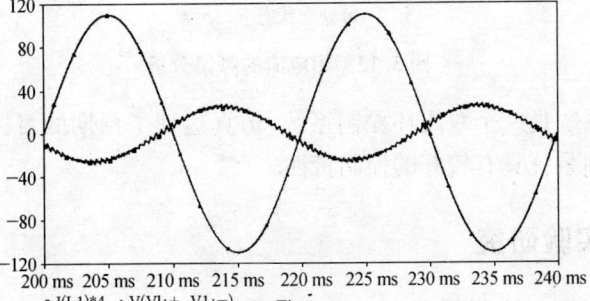

• I(L1)*2 • V(VI:+, VI:−)

(40 V/div, 20 A/div, 5 ms/div)

(e) 逆变状态下，$\varphi=\pi+\pi/10$

• I(L1)*4 • V(VI:+, VI:−)

(40 V/div, 20 A/div, 5 ms/div)

(f) 逆变状态下，$\varphi=\pi-\pi/10$

图 3.12　相电压和相电流的仿真波形

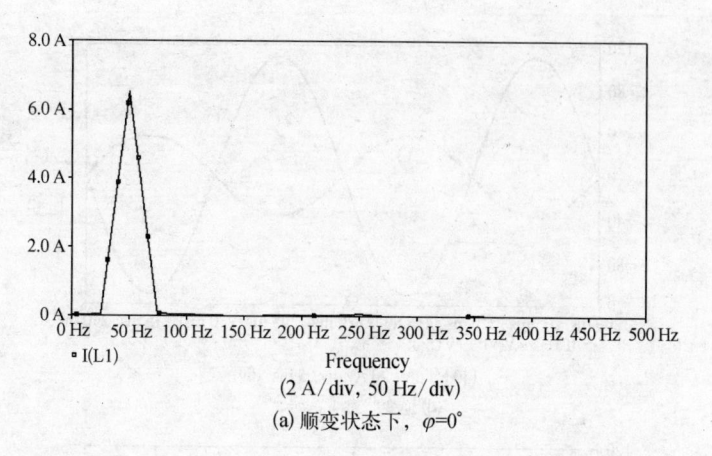

(a) 顺变状态下，$\varphi=0°$

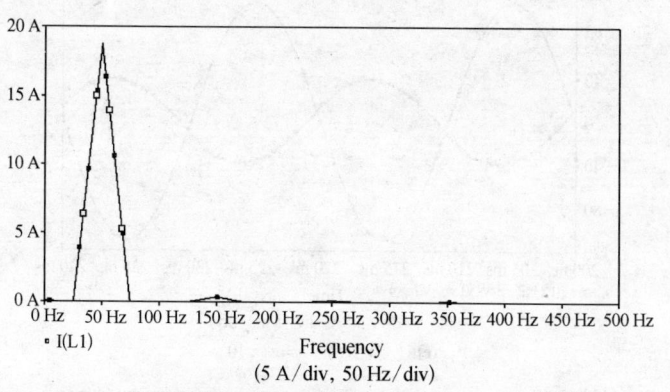

(b) 逆变状态下，$\varphi=\pi$

图 3.13　相电流的频谱分析

　　该系统是一个双闭环控制系统,仿真达到了预期的目标,反映了闭环控制系统具有较好的控制特性.

3.6　实验研究

3.6.1　控制系统

　　根据上述仿真系统原理,制作了一台双闭环控制系统的样机. 图

3.14 为本实验控制系统原理框图,目的是控制变流器在顺变和逆变时,保持系统的功率因数为 1 或可调节,以及恒定的直流电压 E_d,并在状态切换期间实现良好的动态响应.

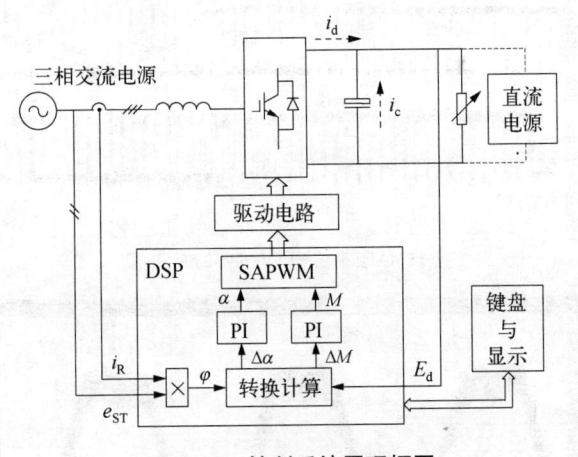

图 3.14　控制系统原理框图

本实验系统采用美国 TI 公司 DSP 芯片 TMS320LF2407 控制,该芯片具有运算速度快、内部资源丰富等优点.通过检测线电压 e_{ST} 和相电流 i_R,对其鉴相处理后,求出功率因数角 φ,转换为相量 $\dot{U}_{R'}$ 滞后角 α 的偏移量 $\Delta\alpha$,送入相角控制 PI 调节器.通过检测直流电压 E_d,转换为调制深度的偏移量 ΔM,送入电压控制 PI 调节器.根据 E_d 的变化情况,一方面保持直流母线电压恒定,另一方面调整变流器工作于顺变或逆变状态.另外,可根据 E_d 的变化率,得到电流前馈控制量,用以提高系统的动态响应.

3.6.2　实验结果

参考上述仿真参数,该样机的实验参数为:载波频率 $f_s =$ 2.5 kHz,线电压 $e_{ST} = 110 \sim 220$ V,电感 $L = 14$ mH,直流侧电容 $C = 1\,100\ \mu F$,负载 $R_d = 60 \sim 100\ \Omega$. 其实验波形如下列图所示.

1. 驱动信号和调制波的实验波形,如图 3.15 所示.

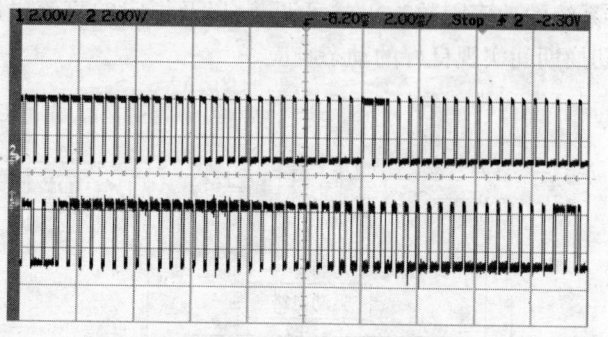

(a) PWM脉冲信号(2 V/div, 2 ms/div)

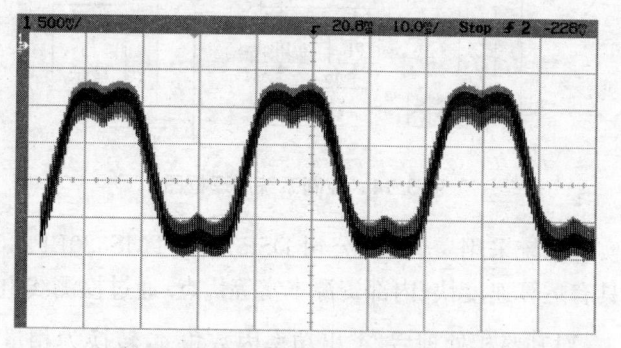

(b) SAPWM调制波信号(0.5 V/div, 10 ms/div)

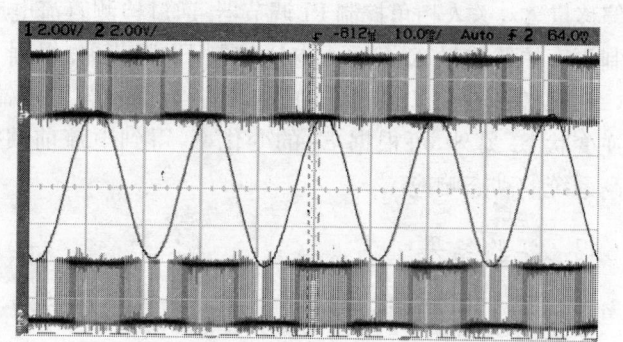

(c) SAPWM斩波合成的线电压信号(2 V/div, 10 ms/div)

图 3.15   驱动信号和调制波的实验波形

图 3.15(a)中上、下曲线分别为任意两相的 PWM 驱动信号.图 3.15(b)为优化的正弦调制波 SAPWM 波形.图 3.15(c)为任意两相 SAPWM 斩波合成的线电压,为一正弦波信号,这表明 SAPWM 调制是一种线电压控制方法,能够提高直流电压的利用率[13].

2. 实现单位功率因数控制的实验波形,如图 3.16 所示.设定实验参数为:线电压 $e_{ST} = 110\text{ V}$,顺变时输出直流电压 $E_d = 175\text{ V}$,逆变时直流电源电压 $E_d = 195\text{ V}$,负载 $R_d = 60\ \Omega$.

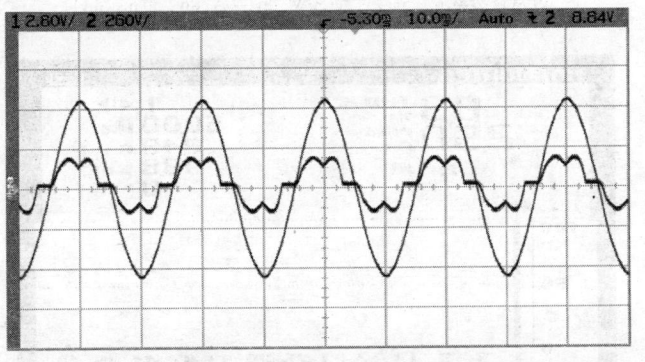

(a) 三相自然整流(260 V/div, 2.8 A/div, 10 ms/div)

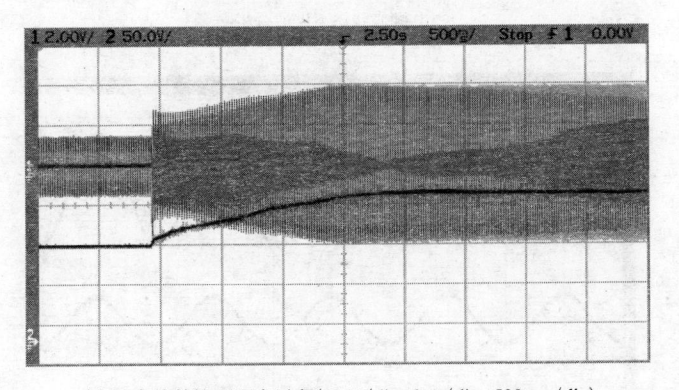

(b) 从自然整流到顺变过程(50 V/div, 2 A/div, 500 ms/div)

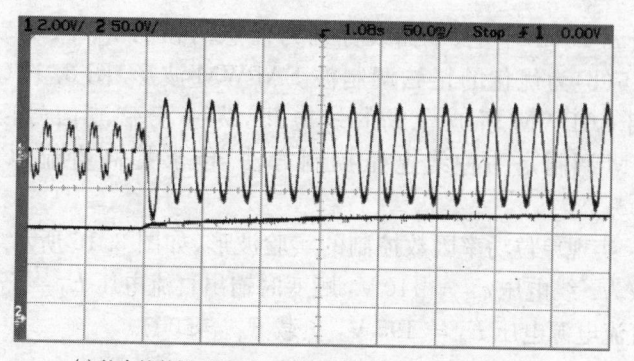

(c) 从自然整流到顺变过程(50 V/div, 2 A/div, 50 ms/div)

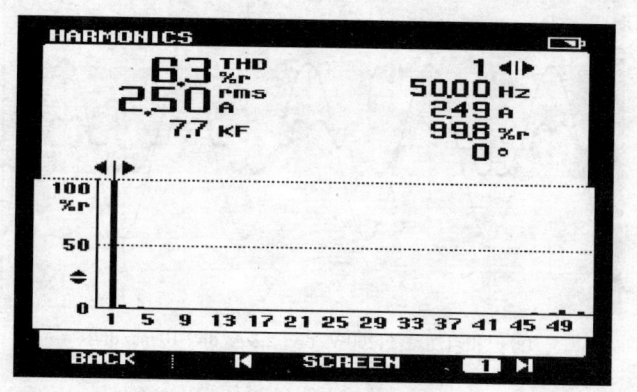

(d) 顺变状态下谐波分析

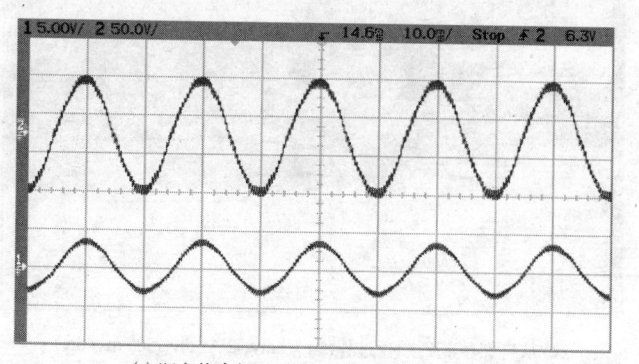

(e) 顺变状态(50 V/div, 5 A/div, 10 ms/div)

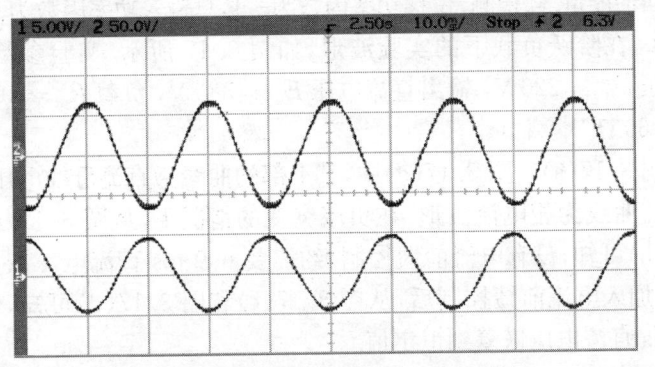

(f) 逆变状态(50 V/div, 5 A/div, 10 ms/div)

图 3.16　实现单位功率因数控制的实验波形

图 3.16(a)为三相自然整流的波形,其中外侧的曲线是相电压波形、内侧的曲线是相电流波形. 经检测,谐波含量为 26%,相电流波形畸变严重,将对电网造成大量谐波污染,且总输入功率因数为 0.86,电源利用率低.

图 3.16(b)和图 3.16(c)为从自然整流到顺变过程的波形,其中上部的曲线为相电流波形,下部的曲线为直流母线电压波形. 系统的过渡过程的动态变化很快,只需要半个周期(10 ms)左右就可以进入顺变状态,大约经过 2 s 左右,直流电压逐渐平稳上升至 185 V,进入稳定工作状态.

图 3.16(d)为顺变状态下谐波分析. 可以看出,相电流的基波因数为 99.8%,谐波含量为 6.3%.

图 3.16(e)为在顺变状态下相电压和相电流波形,其中上部的曲线是相电压波形、下部的曲线是相电流波形. 在顺变状态下,输出直流电压的可调节范围为(130 V, 185 V). 经检测,位移功率因数为 1,总输入功率因数为 0.99.

图 3.16(f)为逆变状态下相电压和相电流波形,其中上部的曲线是相电压波形、下部的曲线是相电流波形. 在逆变状态下,系统实现了向

电网回馈能量. 经检测, 位移功率因数为 -1, 总输入功率因数为 0.99.

3. 在阶跃负载下的实验波形, 如图 3.17 所示. 实验参数变为: 线电压 $e_{ST} = 220\ \text{V}$, 输出直流电压 $E_d = 385\ \text{V}$, 负载 $R_d = 100\ \Omega$ 和 $R_d = 60\ \Omega$.

图 3.17(a)~图 3.17(d) 中, 其上部的曲线为直流母线电压波形, 下部的曲线为相电流波形. 在负载突变的情况下, 从图 3.17(a) 和图 3.17(b) 可知, 没有电流前馈控制, 约需要 600 ms 直流电压恢复到恒定值; 加入电流前馈控制后, 从图 3.17(c) 和图 3.17(d) 可知, 约需要 200 ms 直流电压恢复到恒定值.

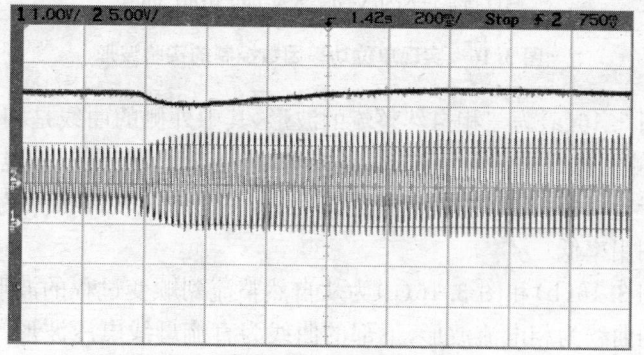

(a) R_d 从 100 Ω 切换到 60 Ω

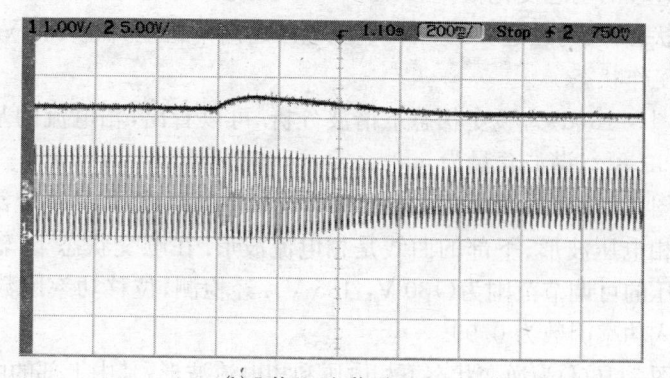

(b) R_d 从 60 Ω 切换到 100 Ω

无电流前馈控制(100 V/div, 5 A/div, 200 ms/div)

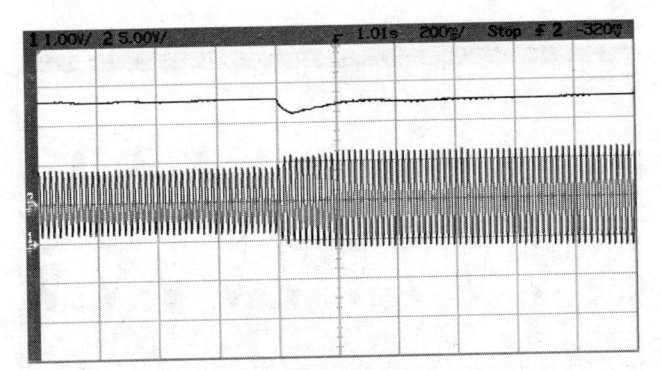

(c) R_d从100 Ω切换到60 Ω

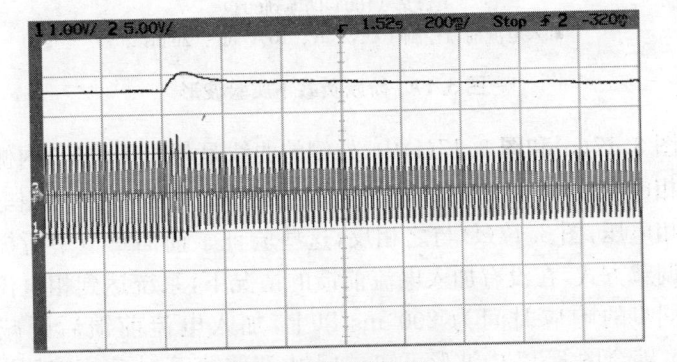

(d) R_d从60 Ω切换到100 Ω
加入电流前馈控制(100 V/div，5 A/div，200 ms/div)

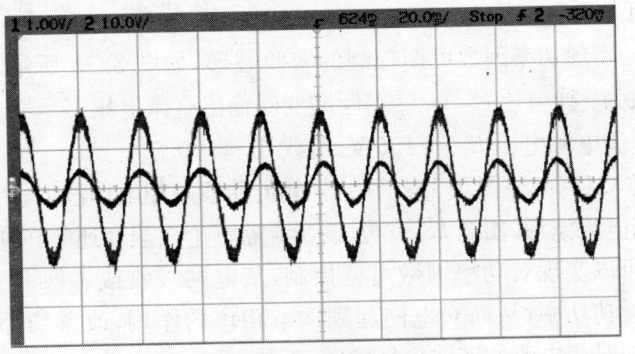

(e) R_d从100 Ω切换到60 Ω

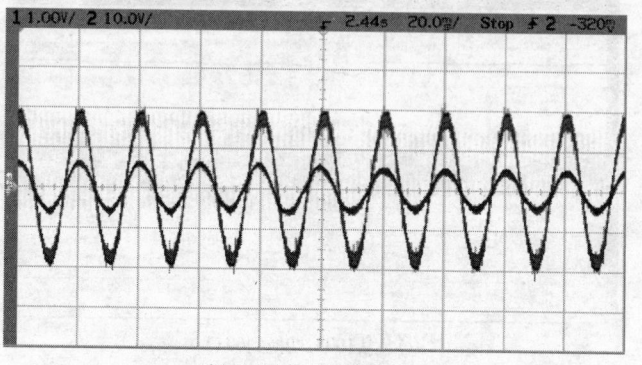

(f) R_d 从 100 Ω 切换到 60 Ω

加入电流前馈控制(100 V/div, 10 A/div, 20 ms/div)

图 3.17   阶跃负载下实验波形

图 3.17(e)和图 3.17(f)中,外侧的曲线是相电压波形,内侧的曲线是相电流波形. 图 3.17(e)中,负载电阻 R_d 突然减小时,相电流滞后于相电压,图 3.17(f)与之相反,这些验证了前面章节中所提出的相量调节方式. 在没有加入电流前馈的情况下,系统达到相电流与相电压同步的响应时间为 200 ms 以上,加入电流前馈后则减小到 60 ms. 综合图 3.17 中波形可知,加入电流前馈后,由于直流侧电力电容的作用,直流电压的恢复时间较长,但是相电流与相电压保持同步的时间大为缩短.

4. 实现功率因数可调控制的实验波形,如图 3.18 所示. 设定实验参数为:线电压 $e_{ST} = 110$ V,顺变时输出直流电压 $E_d = 175$ V,逆变时直流电源电压 $E_d = 195$ V,负载 $R_d = 60$ Ω.

图 3.18(a)~图 3.18(d)中,外侧的曲线是相电压波形,内侧的曲线是相电流波形. 图 3.18 表明,该变流器不论在顺变还是在逆变状态下,都可以实现对功率因数可调控制,从电网吸收或者回馈感性(或容性)无功功率,从而对电网起到调节相位的作用,改善局部电网的品质,同时相电流的谐波含量较低、正弦度好.

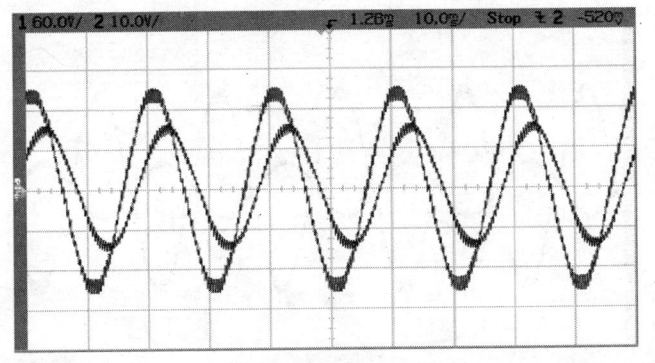

(a) 顺变状态下，$\varphi=\pi/5$

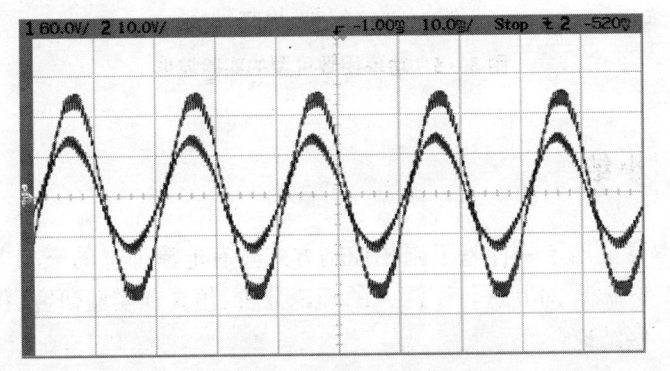

(b) 顺变状态下，$\varphi=-\pi/10$

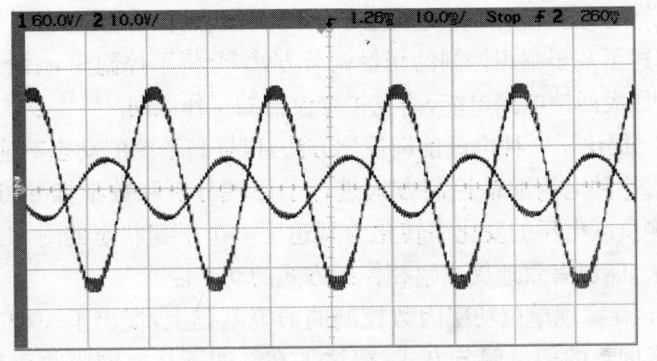

(c) 逆变状态下，$\varphi=\pi+\pi/5$

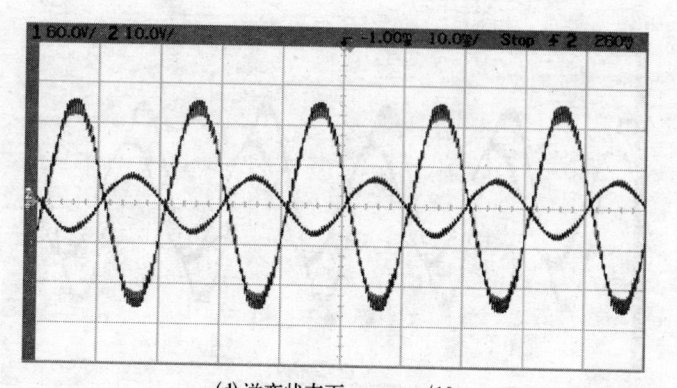

(d) 逆变状态下, $\varphi=\pi-\pi/10$
(60 V/div, 5 A/div, 10 ms/div)

图 3.18   功率因数可调的实验波形

3.7   小结

本章提出了一种基于幅相控制方式具有电流前馈的三相电压型
PWM 变流器. 对其进行了深入的理论分析、仿真和实验研究, 得出了
如下一些结论：

1. 提出了一种实现单位功率因数的相量调节方式, 所建立的低
频数学模型能够较准确地描述系统的工作状况. 在顺变和逆变状态
下, 描述了基于幅相控制的相量调节方式, 分析了控制角 α、最大负载
能力、最大回馈电网电能, 研究了变流器的工作区间.

2. 提出了一种电流前馈控制方法, 以提高系统的动态响应性能.
文中对这种电流前馈控制方式进行了原理分析和数学推导. 这种将
直流侧负载电压的变化率转化为到达下一个平衡状态的附加控制量
的方法, 能够有效地提高幅相控制方式的动态性能.

3. 在实现单位功率因数控制的研究基础上, 提出了一种实现可
调功率因数的相量调节方式. 探讨了在顺变下从电网吸收容性或感
性的无功功率的相量调节方式, 以及在逆变状态下向电网回馈容性

或感性的无功功率的相量调节方式. 利用所建立的低频数学模型,研究了受控的功率因数角 φ、最大负载能力、最大回馈电网电能.

4. 从理论上分析了系统的传输功率和稳定性问题. 给出了传输功率与控制角 α、调制深度 M 的关系. 探讨了系统稳定性问题中的功率因数角 φ 与控制角 α 的关系、控制角 α 的临界值,以及直流母线电压 E_d 与控制角 α、调制深度 M 的关系.

5. 仿真和实验研究表明,该 PWM 变流器能够实现相电流与相电压的同相位或反相位运行,不仅可实现功率因数为 1,而且可实现功率因数超前或滞后的任意控制,从而达到向负载提供电功率或由外部直流电源向电网回馈电能的双向能量传送的功能. 所输出直流电压恒定可调,相电流波形的正弦度好、谐波含量低.

6. 值得注意的是,必须在系统中加入锁相环控制,这样能够及时跟踪电网电压和频率的变化,保障系统的正常工作.

7. 在相位调节控制方式中,调制深度 M 和控制角 α 是两个相互耦合的控制量,α 对控制的权重较大. 不调节 α,系统将无法工作. 不调节 M,则引起直流电压 E_d 波动,从而影响到功率因数角 φ 的控制.

第四章 软开关三相 PWM 变流器的实现

为实现软开关三相 PWM 变流器控制,本章对此作进一步的研究,总结出两种具体实现策略:利用正负斜率锯齿载波 PWM 调制方法、无传感器电流极性检测与电流补偿方法,探讨三相直流环节谐振高功率因数 PWM 变频系统的主电路结构、软开关动作分析、控制方法.

常规的硬开关 PWM 调制方法通常采用等边三角波作为载波,由于软开关动作是通过另加零电压辅助谐振电路来实现的,如果仍采用三角波,则不但零电压开关电路的起振时刻将难以统一控制,而且主电路的谐振次数会大大增加,解决该问题的有效方法是采用正负斜率交替的锯齿波作为载波.

软开关变流器需要根据电流极性来选择使用正或负斜率锯齿载波,同时在正负斜率交替的锯齿载波翻转处会引起某种电流失真,应采取措施对此进行补偿,这种补偿也需要知道电流极性转换的时刻,因此在实施中首先要进行电流极性检测.有关电流极性检测方法通常是采用硬件来实现,不仅电路复杂,占用 CPU 资源,也增加成本,而且电流在过零点处幅值较小以及传输延迟等因素影响会造成一定的检测误差.本章在前面研究的基础上,从单位功率因数变流器的固有特点出发,分别在顺变和逆变状态下,提出了有关电流极性检测的软件实现方法;分析了在电流极性翻转处电流波形失真的原因,并给出了相应的补偿措施.

利用所提出的软开关拓扑,组成三相直流环节谐振高功率因数 PWM 变频系统,只有一个直流谐振环节,具有电路结构简单、开关次数少的特点.

4.1　PWM 调制方法

该变流器是基于幅相控制方式,在控制结构和实现上较为方便,同时因其在工作中载波频率不变,软开关控制中的谐振周期就可以固定,便于实现软开关变流器控制. 对于三相 PWM 变流器来说,在各载波周期每相桥臂上下的功率开关元件都必须导通和关断一次. 如果按照传统的等腰三角载波方式调制,如图 4.1 所示,由于经三相 PWM 调制后所形成的矩形波的沿边时刻不同,则功率开关元件共需要导通 3 次,关断 3 次. 因为关断可

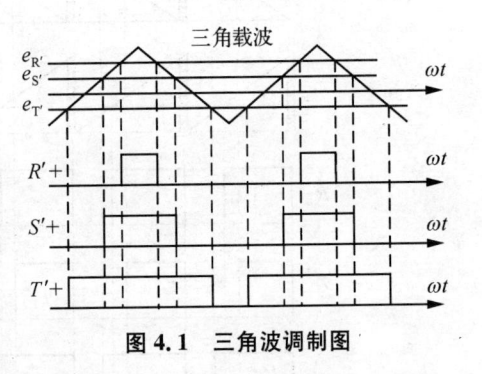

图 4.1　三角波调制图

以在任何时候进行,不作考虑. 谐振时刻必然处于矩形波的上升沿,由于 3 次导通的时刻不同,则谐振电路必须发生 3 次谐振,这将会造成以下不利影响:

(1) 由于三相调制波与三角载波的交点一直在变化,故桥臂上功率开关元件的开通时刻,即谐振的开始时刻是不固定的,从而给系统控制带来困难.

(2) 假定 PWM 调制的载波频率为 n kHz 时,谐振电路中功率开关元件 V_{c1}、V_{c2} 的开关频率高达 $3n$ kHz,这将增大造成谐振电路的损耗.

(3) 谐振次数过高,使得直流母线上 P、N 间总的零电压次数增多,则变流器的直流电压利用率下降.

为了减小谐振次数,便于实现软开关控制,必须选择合适的载波形式,这里采用正负斜率交替的锯齿波作为调制载波,如图 4.2 所示. 图中锯齿波的阴影部分表示谐振期间. 可以看出,虽然三相调制波与

锯齿波斜边的交点在不同时刻,但与锯齿波垂直沿的相交总是在垂直沿时刻.那么,R' 相下管、S' 和 T' 相上管就能同时导通,三相 PWM 调制后所形成的矩形波的上升沿时刻就可以集中在一起,从而克服了三角载波调制的缺点,其优点为:

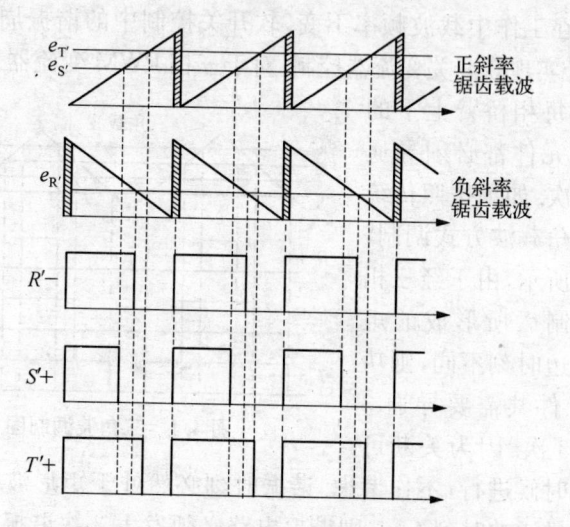

图 4.2　正负斜率交替的锯齿载波调制图

(1) 可以让三相功率开关元件的开通集中放在锯齿波的垂直沿时刻进行.那么,就可以采用固定的谐振周期,从而能固定周期的触发 V_{c1}、V_{c2},便于实现控制.

(2) 由于在每个载波周期内只需发生一次谐振,使得功率开关元件 V_{c1}、V_{c2} 的开关频率降低,降低了谐振电路损耗.

(3) 与三角载波调制相比,其谐振次数减小到 1/3,直流母线上 P、N 间谐振槽也减少到 1/3,从而提高了直流母线电压的利用率.

图 4.3 是一种电流流向图,当电流流出桥臂时采用正斜率锯齿波,反之采用负斜率锯齿波.图 4.3 表示了图 4.2 中锯齿波垂直沿前的电流状态.从中可以看出,采用正负斜率交替的锯齿载波,在锯齿波垂直沿期间变流器与谐振电路发生能量交换,实现功率开关元件

的零电压开通.

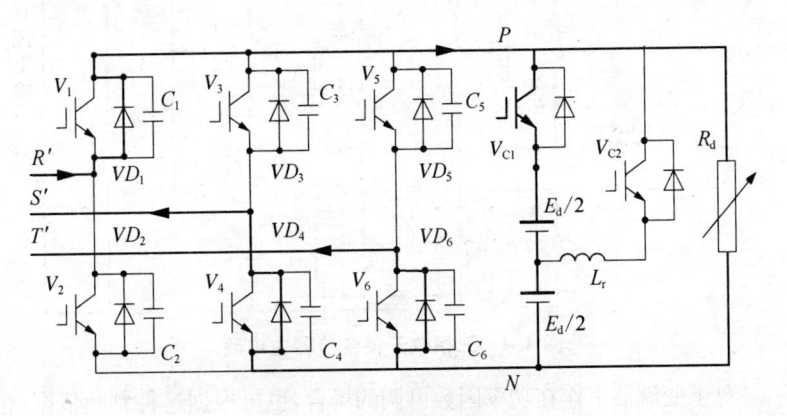

图 4.3　一种电流流向图

4.2　电流极性的检测

图 4.4 为三相软开关 PWM 变流器主电路. 图中, 三相全桥 Boost 电路由串联电感 L_R、L_S、L_T、功率开关元件 $V_1 \sim V_6$ 及缓冲电容 $C_1 \sim C_6$ 组成, 直流环节电路由功率开关元件 V_{C1}、V_{C2}、分压电容 C_{d1}、C_{d2}、谐振电感 L_r 和负载 R_d 组成. 由于该软开关变流器的调制方式中采用了正负斜率交替的锯齿波作为载波, 在实现上必须判别电流的极性, 即每相电流的方向. 由于每相相差 $2\pi/3$, 只需判别 R 相电流, 其它两相可根据 R 相角度做相应的偏移. 为便于分析, 在此规定电流从交流电网流向功率器件为正, 采用负斜率锯齿波; 反之电流从功率器件流向交流电网为负, 采用正斜率锯齿波.

该系统是基于幅相控制方式, 可以认为系统在顺变或逆变状态工作时相电压和相电流始终保持同相或反相, 故可方便地根据相电压过零点来判断相电流过零点, 这就是该变流器的电流极性判别依据. 在过渡过程, 包括启动、负载突变、从顺变到逆变、从逆变到顺变, 由于在过零点处电流幅值较小且时间较短, 可不予考虑.

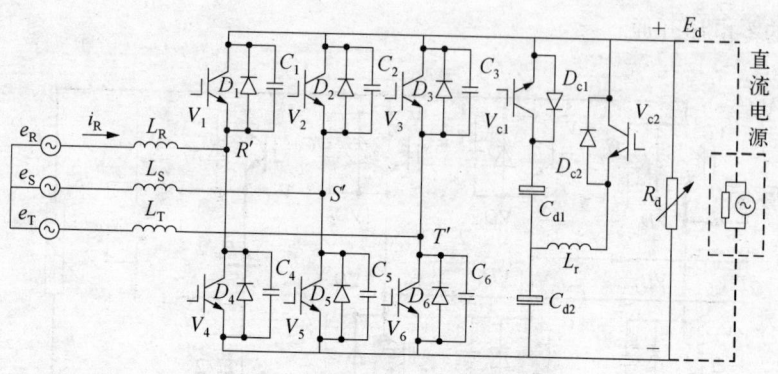

图 4.4　三相软开关变流器主电路

　　对于变流器工作在功率因数可调的场合,也可根据这种判断依据,相应地改变所需偏移的功率因数角,进行电流极性判别,此不赘述.

4.2.1　顺变状态下的电流极性判别

　　在图 4.4 中,当各功率开关上施加 PWM 脉冲信号后,端子 R'、S' 和 T' 上分别产生三相交流相电压. 以 R 相为例,图 4.5 为顺变状态下 R 相的相量图. 图中,$\dot{E}_R$ 为 R 相电压的相量,$\dot{U}_{R'}$ 为 PWM 调制生成的 R' 相电压基波成分有效值的相量,$\dot{U}_X$ 为电感 L_R 上电压的相量.

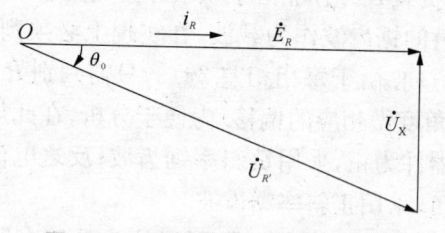

图 4.5　顺变状态下 R 相的相量图

　　根据前面的电流极性判别依据,在同步状态下相电流的输出角即为相电压的输出角. 幅相控制方式中是通过调节相量 $\dot{U}_{R'}$ 的相角和幅值,达到控制功率因数的目的. 根据式(3.4),可得 R' 相电压 $u_{R'}$ 的

表达式如下

$$u_{R'}(t) = \frac{ME_d}{\sqrt{6}} \sin \theta_c = \frac{ME_d}{\sqrt{6}} \sin(\omega t + \theta_0) \qquad (4.1)$$

式中 M 为调制深度；ω 为角频率；θ_c 为系统的输出控制角；θ_0 为相量 $\dot{U}_{R'}$ 滞后相量 $\dot{E}_R$ 的偏移角，即顺变状态下实际控制角.

因此利用系统已知相量 $\dot{U}_{R'}$ 的相角 θ_c，即能推算出 R 相电流的相位，可表示为

$$\theta_{iR} = \theta_{eR} = \omega t = \theta_c - \theta_0 \qquad (4.2)$$

式中 θ_{iR} 为 R 相电流的相位角；θ_{eR} 为 R 相电压的相位角.

在实际应用的无中性线三相电源场合，无法直接检测相电压与相电流的夹角，该控制系统是通过检测线电压 e_{ST} 与相电流 i_R 的夹角来推出功率因数角，并利用此角度转换为实际控制角 θ_0，故可利用系统已知条件进行极性判别.

由于线电压 e_{ST} 滞后于相电压 e_R 为 $\pi/2$，系统已知条件为

$$\theta_{ini} = \theta_0 + \pi/2, \ \theta_0 = \theta_{ini} - \pi/2 \qquad (4.3)$$

式中 θ_{ini} 为利用线电压 e_{ST} 与相电流 i_R 推算出的控制角.

根据式(4.2)和(4.3)，则有

$$\theta_{iR} = \theta_c - \theta_0 = \theta_c + \pi/2 - \theta_{ini} \qquad (4.4)$$

以上求得 θ_{iR} 即为顺变状态下判别 R 相电流极性依据.

图 4.6 为顺变状态下相电压 e_R 与电压 $u_{R'}$ 的位置关系. 在顺变状态下，相量 $\dot{U}_{R'}$ 总是滞后于相量 $\dot{E}_R$，实际检测中定义方向为 $\theta_0 > 0$. 由于电流极性判别是以相电压 e_R 作为位置参照在一个周期区间 $[0, 2\pi]$ 内进行，因此 θ_{iR} 将出现以下三种情况：$0 + \theta_0 > 0$，$\pi + \theta_0 > \pi$，$2\pi + \theta_0 > 2\pi$. 如果 θ_{iR} 落在区间 $[2\pi, 2\pi + \theta_0]$ 内，将会出现溢出

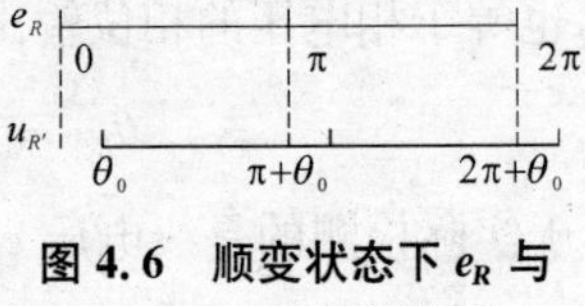

图 4.6 顺变状态下 e_R 与 $u_{R'}$ 的位置关系

周期区间$[0，2\pi]$而无法判断,为避免这种情况,则只需判断θ_{iR}是否在区间$[\pi，2\pi]$内即可.当θ_{iR}在此区间内,R相采用正斜率锯齿载波,反之采用负斜率锯齿载波.

对于S相和T相的电流极性判别而言,当分别满足下面条件时,S相和T相分别采用正斜率锯齿载波,反之采用负斜率锯齿载波.

$$\theta_{iS} = \theta_{iR} + 2\pi/3 \subset [\pi，2\pi]$$

$$\theta_{iT} = \theta_{iR} + 4\pi/3 \subset [\pi，2\pi] \tag{4.5}$$

式中θ_{iS}为S相电流的相位角;θ_{iT}为T相电流的相位角.

4.2.2 逆变状态下的电流极性判别

图4.7为逆变状态下R相的相量图.与顺变状态下分析类似,系统的输出控制角θ_c为

$$\theta_c = \omega t - \theta_0^* \tag{4.6}$$

式中,θ_0^*为相量$\dot{U}_{R'}$超前相量$\dot{E}_R$的偏移角,即在逆变状态下的实际控制角.

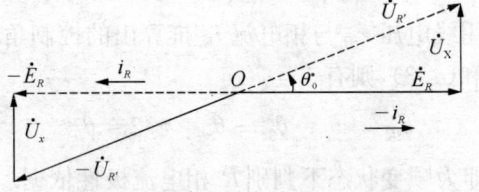

图 4.7 逆变状态下 R 相的相量图

根据前面的电流极性判别依据,在反相状态下相电流的相位角θ_{iR}也等于相电压的相位输出角θ_{eR},故可表示为

$$\theta_{iR} = \theta_{eR} = \omega t = \theta_c + \theta_0^* \tag{4.7}$$

由于实际检测的是线电压e_{ST}与R相电流反相后$-i_R$的夹角,则有

$$\theta_0^* = -(\theta_{ini} - \pi/2) = \pi/2 - \theta_{ini} \tag{4.8}$$

根据式(4.7)和(4.8),则有

$$\theta_{iR} = \theta_c + \theta_0^* = \theta_c + \pi/2 - \theta_{ini} \tag{4.9}$$

以上求得的 θ_{iR} 即为逆变状态下判别 R 相电流极性依据.

图 4.8 为逆变状态下相电压 e_R 与电压 $u_{R'}$ 的位置关系. 在逆变状态下,相量 $\dot{U}_{R'}$ 总是超前于相量 $\dot{E}_R$,实际检测中定义方向为 $\theta_0^* > 0$. 与顺变状态下分析类似,在区间 $[0, 2\pi]$ 上 θ_i 将会出现以下三种情况:$0 - \theta_0^* < 0, \pi - \theta_0^* < \pi, 2\pi - \theta_0^* < 2\pi$. 如果 θ_i 落在区间 $[-\theta_0^*, 0]$ 内,将会出现因溢出周期区间 $[0, 2\pi]$ 而无法判断,为避免这种情况,则只要判断 θ_{iR} 是否在区间 $[0, \pi]$ 即可. 当 θ_{iR} 在此区间内,R 相采用正斜率锯齿载波,反之采用负斜率锯齿载波.

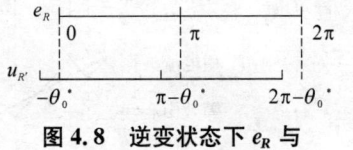

图 4.8 逆变状态下 e_R 与 $u_{R'}$ 的位置关系

有关逆变状态下 S 相和 T 相的电流极性判别依据,与 4.1.1 中分析类似,此略.

4.3 电流补偿

图 4.9 为电流极性从 $i > 0$ 到 $i < 0$ 翻转时的情况. 从图 4.9 中可以看出,在电流极性翻转时,即在电流过零点处,锯齿载波斜率从负变正,PWM 调制信号出现连续导通,导致电流持续下降. 在电流过零点后,由于在顺变和逆变状态下的 PWM 调制幅度不同,顺变状态下电流偏离等效中心线以上,而逆变状态下与之相反. 同理,当电流极性从 $i < 0$ 到 $i > 0$ 翻转时,PWM 调制信号出现连续关断,将导致电流持续增加,在电流过零点后,顺变状态下电流偏离等效中心线以上,逆变状态下与之相反,此略.

由于在一个周期内三相电流都有两次过零突跳,相互影响形成每相电流在一个周期内有 6 个突跳. 为了尽量减小波形畸变,必须在过零点处进行补偿.

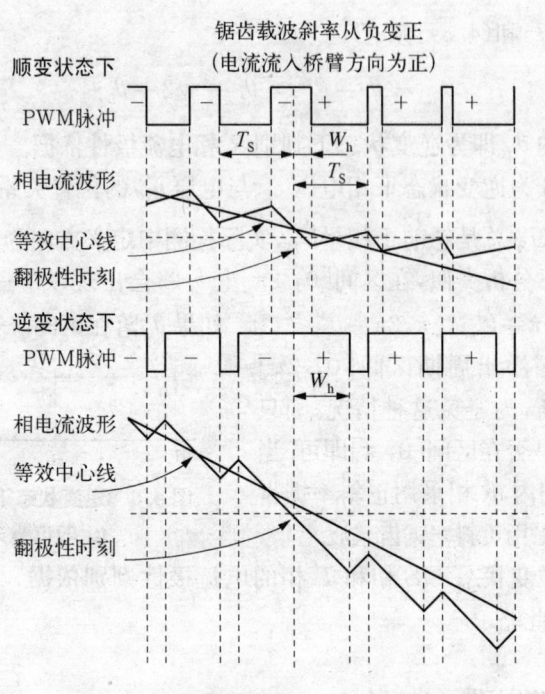

图 4.9　电流极性从 $i > 0$ 到 $i < 0$ 翻转

4.3.1　电流从 $i < 0$ 到 $i > 0$ 极性翻转时的补偿

从图 4.9 可知,在锯齿载波斜率由负变正后,为了使得电流波形落在等效中心线附近,只要改变电流过零点后的第一个 PWM 脉冲宽度即可,在顺变状态下的 PWM 脉冲宽度应该增大,使得电流继续下降,电流波形才能落在等效中心线附近. 而在逆变状态下与之相反,脉冲宽度应该减小,这是因为在由逆变转为顺变时的变化状态相当于移动了相角 π,如果顺变状态下的脉冲宽度为

$$W_{\mathrm{h}} = \frac{T_{\mathrm{s}}}{2}(1 - M\sin \omega t) \tag{4.10}$$

式中 W_{h} 为脉冲宽度;T_{s} 为载波周期.

则逆变状态下的脉冲宽度为

$$W_h = \frac{T_s}{2}\big[1 - M\sin(\omega t + \pi)\big] = \frac{T_s}{2}(1 + M\sin\omega t) \quad (4.11)$$

由式(4.10)和(4.11)可知,由于在电流极性从 $i > 0$ 到 $i < 0$ 翻转时,顺变和逆变状态下所产生的脉冲宽度不同,导致电流偏离等效中心线位置不同,故需要不同的补偿方式,即根据不同方向改变极性翻转时刻后的脉冲脉宽. 如果补偿方向相反,电流将畸变更加严重,甚至会导致系统不能稳定工作.

在顺变状态下,需要根据负载的情况(电阻性、电感性)情况,采取不同的补偿量. 根据实验结果优化后,补偿的脉冲宽度 W_h' 分别为:大电阻负载下,电流上升或下降速率较快,波形畸变较大,取 $W_h' = 3W_h/4$;在电感性负载下,例如电机负载,电流上升或下降速率较慢,波形畸变较小,取 $W_h' = 7W_h/8$. 同理在逆变状态下,由于电网可等效为大电感负载,所补偿的脉宽值取 $W_h' = 17W_h/16$.

从以上补偿方式可知,所采用补偿量的幅值应随着负载的电阻性增大而增加,随着电感性增大而减小.

4.3.2 电流从 $i > 0$ 到 $i < 0$ 极性翻转时的补偿

与 4.4.1 分析类似,不同的是锯齿载波斜率从正变负. 在顺变状态下,脉冲宽度应该减小,而在逆变状态下,脉冲宽度应该增大,以便过零点后电流波形在等效中心线附近.

由于在负斜率锯齿载波下,脉冲宽度为 $1 - W_h$,所用的补偿脉宽计算公式可以与前面一样. 这样在顺变和逆变状态下,不论电流极性翻转方向如何,采用的补偿方式相同.

4.3.3 电流极性检测与电流补偿方法的实现

图 4.10 为实现电流极性检测与补偿的控制流程图. 其中,图 4.10(a)是顺变状态下的流程,图 4.10(b)是逆变状态下的流程.

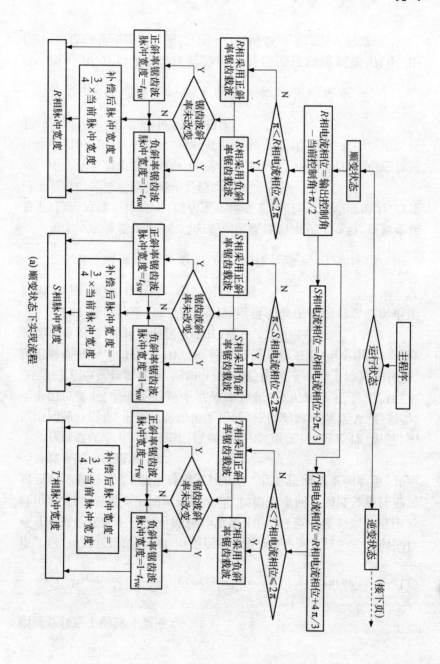

(a) 顺变状态下实现流程

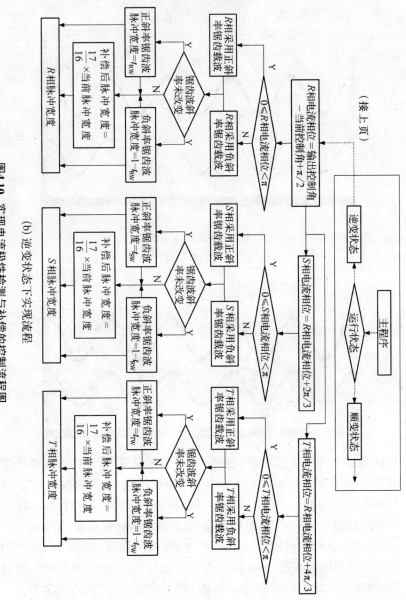

图4.10 实现电流极性检测与补偿的控制流程图

(b) 逆变状态下实现流程

对此方法进行实验研究,实验参数为:线电压 $e_{ST} = 220$ V,直流侧电容 $C_{d1} = C_{d2} = 1\,100\ \mu F$,直流负载 $R_d = 100\ \Omega$,顺变时输出直流电压 $E_d = 385$ V,逆变时直流电源电压 $E_d = 405$ V,系统输出功率为 1.5 kW.

图 4.11 为电流补偿实验波形.经检测在顺变状态下,位移功率因数为 1,未补偿时总输出功率因数为 0.982 9,相电流总谐波畸变率为 18.7%;采取电流补偿后,总输入功率因数为 0.993 9,相电流的总谐波畸变率为 11.1%.在逆变状态下,位移功率因数为 -1,未补偿时总

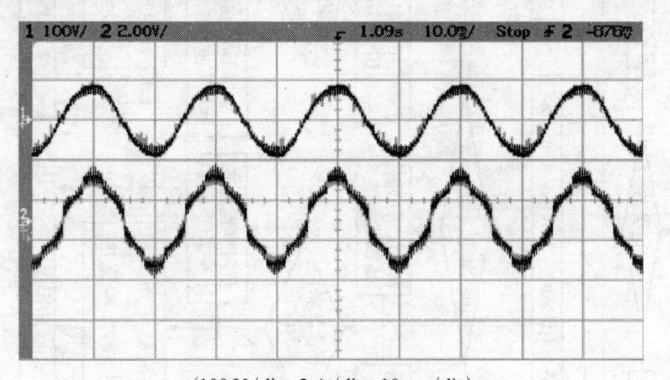

(100 V/div, 2 A/div, 10 ms/div)

(a) 顺变状态下未补偿的波形

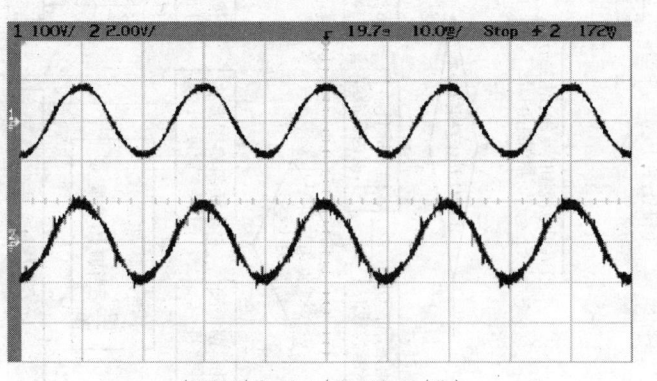

(100 V/div, 2 A/div, 10 ms/div)

(b) 顺变状态下补偿后的波形

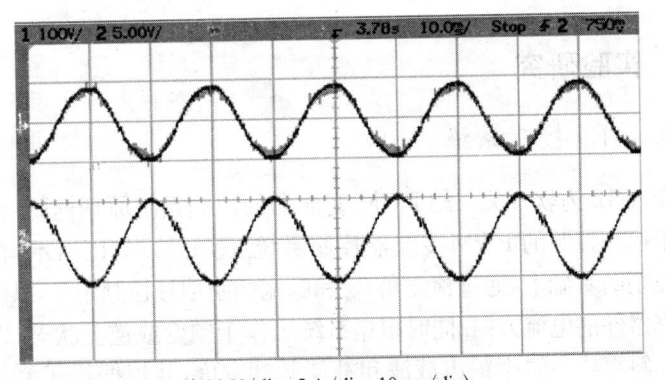

(100 V/div, 5 A/div, 10 ms/div)

(c) 逆变状态下未补偿的波形

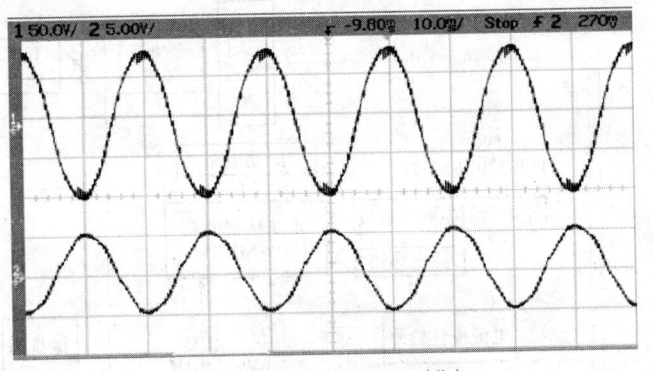

(50 V/div, 5 A/div, 10 ms/div)

(d) 逆变状态下补偿后的波形

图 4.11　电流补偿实验波形

输出功率因数为 0.998 5,相电流总谐波畸变率为 5.5%;采取过零补偿后,总输出功率因数为 0.998 6,相电流总谐波畸变率为 5.3%.

　　这说明在顺变状态下由于直流侧为大电阻负载,未补偿时畸变严重,补偿后效果明显,而在逆变状态下,由于交流侧三相电网为大电感性负载,补偿前后效果不显著.所采用的电流补偿方法,能够减小电流畸变,相电流谐波含量较小,具有良好的正弦度.

4.4　实验研究

4.4.1　控制系统

图 4.12 为软开关三相 PWM 变流器的控制系统原理框图,它来源于基于幅相控制的 PWM 变流器控制系统(图 4.8). 如图所示,在实现幅相控制的基础上,通过检测角 θ_{ini} 和脉宽调制信号控制角 θ_c,以确定流经功率器件的电流方向. 同时根据系统工作于顺变或逆变状态,以决定采用正斜率或负斜率锯齿载波和补偿脉冲宽度,并根据软开关动作的时序要求(图 2.3),实现系统中功率开关器件的零电压通断.

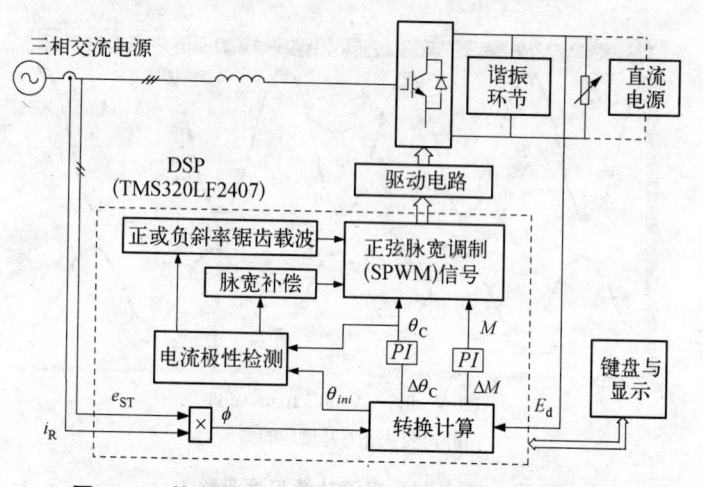

图 4.12　软开关三相 PWM 变流器控制系统原理框图

控制系统的微处理器采用 TI 公司的 TMS320LF2407 数字信号处理器,控制算法采用汇编语言实现,采用模块化程序设计,软件运算效率高、便于修改、可移植性强.

系统的硬件部分主要检测直流电压、线电压、相电流信号;而尽量用软件部分替代硬件来实现整个系统运算,其中的算法包括:相位角计算、调制深度计算、PI 调节器运算、PWM 控制信号运算、谐振时序计算、电流极性检测与电流补偿、载波选择、频率跟踪、电压和电流幅值检测、过流和过压保护等.

4.4.2　实验研究

根据仿真研究的参数,对系统进行了实验研究. 实验参数为: 系统的载波频率为 2.9 kHz,线电压为 110 V,电容 $C_{d1} = C_{d2} = 1\,100\,\mu\text{F}$,谐振电感 $L_r = 6\,\mu\text{H}$,电感 $L = 14$ mH,负载 $R = 100\,\Omega$. 顺变时输出直流电压为 $E_d = 170$ V,逆变时工作直流母线电压为 $E_d = 186$ V.

图 4.13 为实验波形. 图 4.13(a) 和图 4.13(b) 为实现零电压开关

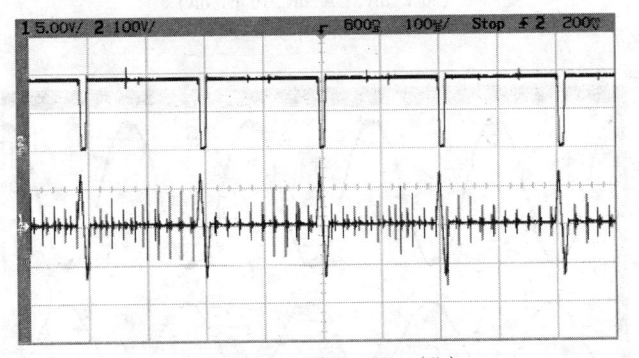

(100 V/div, 5 A/div, 100 μs/div)

(a) 实现零电压开关的谐振波形

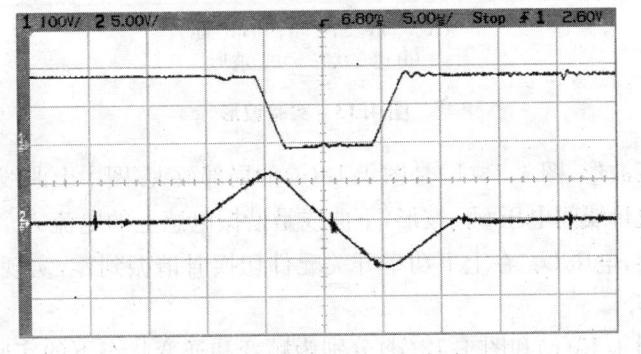

(100 V/div, 5 A/div, 5 μs/div)

(b) 实现零电压开关的谐振波形

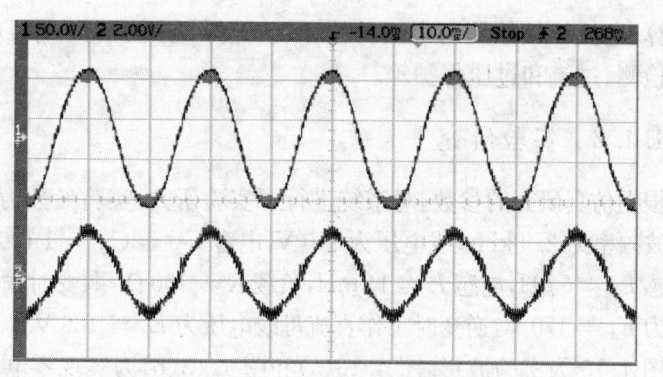

(50 V/div, 2 A/div, 10 ms/div)

(c) 顺变状态下实验波形

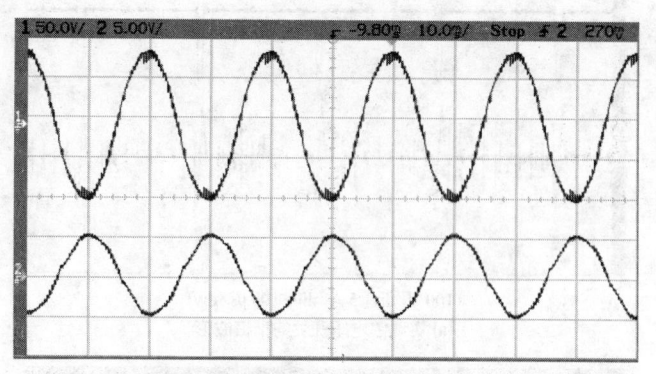

(50 V/div, 5 A/div, 10 ms/div)

(d) 逆变状态下实验波形

图 4.13 实验波形

的谐振波形,图 4.13(b)是图 4.13(a)的局部放大.图中上曲线是变流器直流母线间电压 U_{PN} 波形,下曲线是谐振电感上的电流 i_{Lr} 波形.可以看出,电压 U_{PN} 在上下功率开关元件切换时谐振到零,实现了零电压动作.

图 4.13(c)和图 4.13(d)分别为顺变和逆变状态下的实验波形.图中上曲线是相电压 e_R 波形,下曲线是相电流 i_R 波形.经分析,顺变

状态下位移功率因数为 1,总输入功率因数为 99.39%,输出直流电压可调. 相电流的总谐波失真为 11.1%,其中 5、7、16 次谐波占总谐波含量的百分比分别为:3.1%、2.3%、1.2%. 逆变状态下,位移功率因数为 −1,总输出功率因数为 99.86%. 相电流总谐波失真为 5.3%,其中 5、7、13 次等谐波含量分别为:3.6%、1.3%、1.1%.

实验结果与仿真相一致,都表明在顺变和逆变状态下,系统能实现零电压软开关动作,相电流波形具有很好的正弦度.

4.5 三相直流环节谐振高功率因数 PWM 变频系统

4.5.1 主电路结构

根据上述的直流环节谐振 PWM 变流器的工作原理,在图 2.1 的直流母线上并联一个逆变器,可组成三相直流环节谐振高功率因数 PWM 变频器系统,以下简称三相软开关双 PWM 变频器.

图 4.14 为三相软开关双 PWM 变频器主电路结构图. 图中左半为 AC‐DC 变流器,右半为 DC‐AC 逆变器,其间是零电压直流环节谐振部分. 变流器与逆变器的各开关元件上都并联有缓冲电容 C_s. 为了分析电路的谐振动作,可以用图 4.15(a)等效电路来表示.

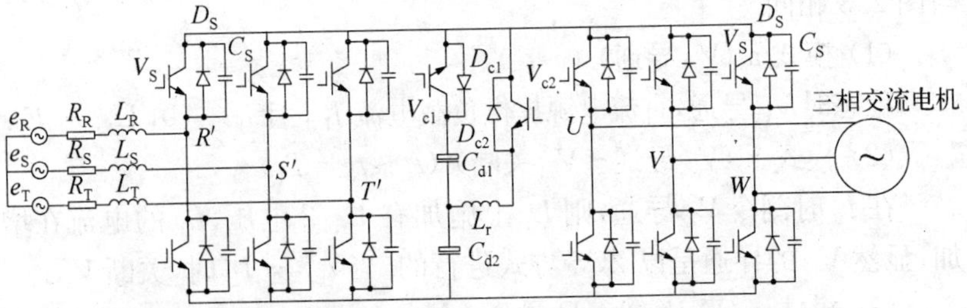

图 4.14　三相软开关双 PWM 变频器主电路结构图

在图 4.15(a)中,由于变流器—逆变器的载波频率远高于电网频率和逆变器的输出频率,因此可以认为在一个载波周期内变流器的输入电流和逆变器的输出电流是恒定的,从而用恒流源 I_s 和 I_L 分别表示输入电流和负载电流.同样,由于电容 C_{d1} 和 C_{d2} 容量很大,也可以认为其两端电压基本不变,从而用电压源 $E_d/2$ 来等效;由于三相桥的上下桥臂功率开关元件总有一个导通,故 $C_r = 6C_s$.在 C_r 的电压为零期间,三相桥的功率开关元件进行动作切换.由于系统工作时,变流器和逆变器的开关切换时同步进行的,因此,图 4.15(a)可以进一步用图 4.15(b)等效电路来表示.

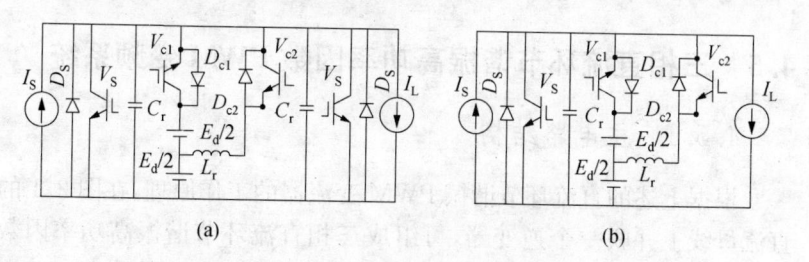

(a)　　　　　　　　　　　　　　(b)

图 4.15　三相软开关 PWM 变流器谐振等效电路

4.5.2　软开关动作分析

分析软开关动作,它由 9 个模式组成,其具体动作模式可以用图 2.4 代替分析,谐振时电感 L_r 的电流波形和缓冲电容 C_r 的电压波形与图 2.3 相同.

（1）模式 a（V_{c1} 导通）（$\sim t_1$）

稳态时 V_{c1} 导通,直流电源提供负载电流 I_L,且 $i_{Lr} = 0$,$U_{Cr} = E_d$.

（2）模式 b（V_{c2} 导通$\sim V_{c1}$ 关断）（$t_1 \sim t_2 = T_1$）

在 t_1 时刻令 V_{c2} 导通,则 L_r 上施加有 $E_d/2$ 电压,L_r 的电流在增加,显然 V_{c2} 的导通是以 ZCS 方式进行的.当 $i_{Lr} = I_L$ 时,关断 V_{c1}.

（3）模式 c（V_{c1} 关断$\sim D_s$ 导通）（$t_2 \sim t_3 = T_2$）

在 t_2 时刻关断 V_{c1},由于 L_r 上的电压等于 $E_d/2$,所以 V_{c1} 的关断是以 ZVS 方式进行的,则 L_r、C_r 间产生谐振,电容 C_r 上电荷放电,电压 U_{Cr} 逐渐下降.当 $U_{cr} = 0$ 时,二极管 D_s 导通.

（4）模式 d（D_s 导通～D_{c2} 导通）（t_3～$t_4 = T_3$）

由于 D_s 导通，L_r 的能量转移到电源 $E_d/2$ 上，i_{Lr} 逐渐减小，直至 $i_{Lr} = 0$.

（5）模式 e（V_{c2} 关断，D_{c2} 导通～D_s 关断、V_s 导通）（t_4～$t_5 = T_4$）

电源 $E_d/2$ 经二极管 D_{c2} 向 L_r 积蓄能量. 由于 L_r 上施加有 $E_d/2$ 电压，方向与模式 b 时恰相反，故 i_{Lr} 方向发生颠倒，且逐步增大，此间让 V_{c2} 关断，显然该动作是在 ZVS 状态下进行的. 在 t_5 时刻，i_{Lr} 等于 I_L，二极管 D_s 关断.

（6）模式 f（D_s 关断、V_s 导通～V_s 关断）（t_5～$t_6 = T_5$）

为了使后面的谐振能完整进行，必须给开关 V_s 以瞬间的短路，使 L_r 继续施加 $E_d/2$ 电压，i_{Lr} 继续增大.

（7）模式 g（V_s 关断～D_{c1} 导通）（t_6～$t_7 = T_6$）

在 t_6 时刻，i_{Lr} 等于设定值，关断 V_s，显然 V_s 的导通与关断都是在母线间电压为零时进行的，故其开关动作属于 ZVS，而 C_r 和 L_r 间又发生谐振. 由于 $i_{Lr} > I_L$；i_{Lr} 开始向 C_r 充电，直至 $U_{cr} = E_d$.

（8）模式 h（D_{c1} 导通～D_{c1} 关断、V_{c1} 导通）（t_7～$t_8 = T_7$）

电容 C_r 停止充电，二极管 D_{c1} 导通，L_r 中多余能量返回电源. 此时令 V_{c1} 导通，显然 V_{c1} 的动作是以 ZVS 方式进行的. L_r 的电流在向电源回馈过程中逐渐减小.

（9）模式 i（V_{c1} 导通～D_{c2} 关断）（t_8～$t_9 = T_8$）

L_r 的电流仍经 D_{c1} 向上侧电源 $E_d/2$ 回馈电能，直至 $i_{Lr} = 0$ 时，I_L 完全由 E_d 提供，此时 D_{c2} 关断，又重新进入稳态运行模式.

4.5.3　控制方法及实验研究

1. 控制方法

从图 4.14 和 4.5.2 节分析知道，输入侧 PWM 变流器和输出侧 PWM 逆变器共用着一个直流谐振环节. 直流母线电压按 PWM 的载波频率周期性地产生谐振槽（零电压槽），供两侧的功率开关元件切换. 这样，电路结构简单，12 只 IGBT 的开通和关断都以 ZVS 状态完成的.

在具体实现上,PWM 变流和 PWM 逆变可以根据需要分别进行独立控制,其中 PWM 变流的控制方法按照前面的研究方法,两侧三相桥的开关元件必须同步进行切换. 对于 TMS320LF2407 数字信号处理器,因为具有 12 路 PWM 输出端口,所以容易满足上述要求.

2. 实验结果

实验参数为:系统的载波频率为 2.9 kHz,线电压为 110 V,电容 $C_{d1} = C_{d2} = 1\,100\,\mu\text{F}$,谐振电感 $L_r = 6\,\mu\text{H}$,串联电感 $L = 14\,\text{mH}$,负载电机为 1.5 kW,直流母线电压为 $E_d = 180\,\text{V}$.

图 4.16 为变化过程实验波形. 图 4.16(a)中曲线为逆变器输出电流波形. 图 4.16(b)的上曲线为直流电压 E_d 波形,下曲线为变流器侧输入电流 i_R 波形. 图 4.16(c)~(h)中,上曲线是相电压 e_R 波形,下曲线是相电流 i_R 波形,图 4.16(d)~(f)都是图 4.16(c)在不同阶段的局部放大,分别说明电流逐渐增加状况. 从图 4.16(a)~(d)中可以看出,在此变频器启动过程中,由于逆变器侧电流波形逐渐升高,输入侧 PWM 变流器电流波形随之逐渐升高,直流电压能够始终保持稳定,相电压与相电流始终保持同相运行,在启动过程中跟踪相位好.

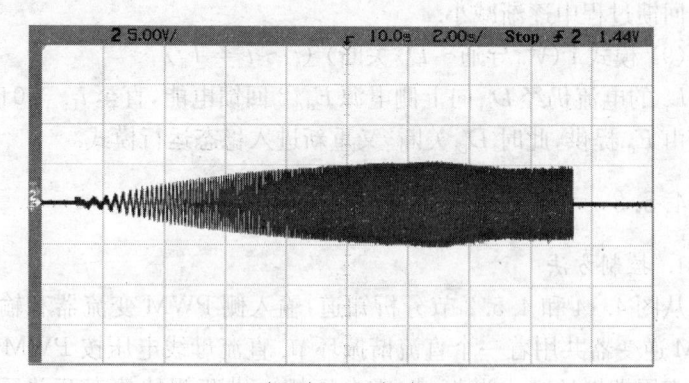

(5 A/div, 2 s/div)

(a) 启动过程中逆变器输出电流波形

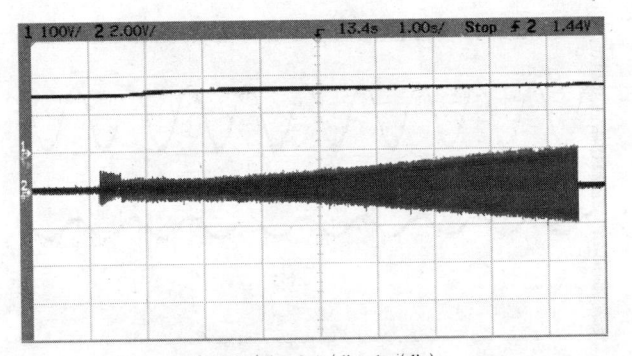

(100 V/div, 2 A/div, 1 s/div)

(b) 启动过程中直流电压与变流器侧输入电流波形

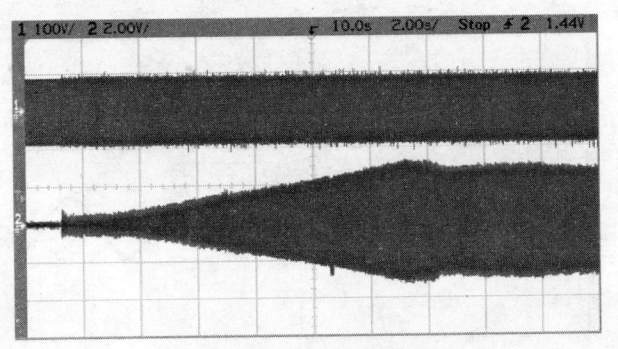

(100 V/div, 2 A/div, 2 s/div)

(c) 启动过程中变流器输入电压、电流波形

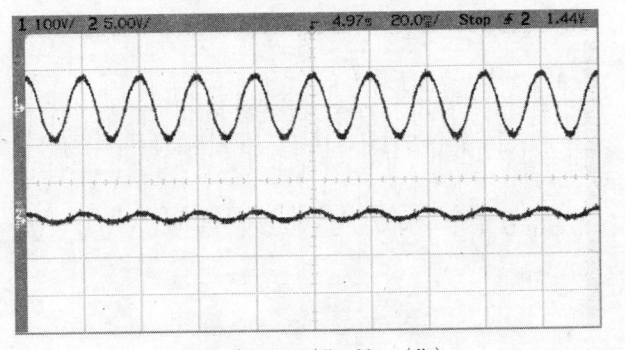

(100 V/div, 5 A/div, 20 ms/div)

(d) 启动过程初始阶段

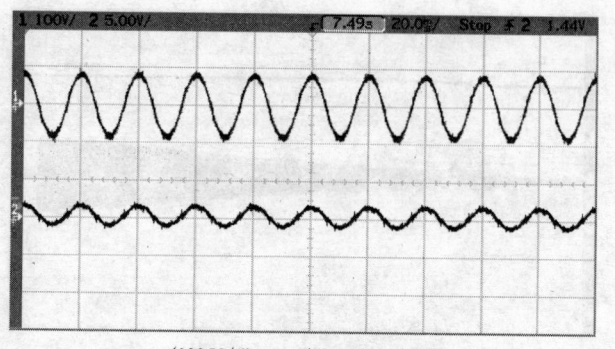

(100 V/div, 5 A/div, 20 ms/div)
(e) 启动过程中间阶段

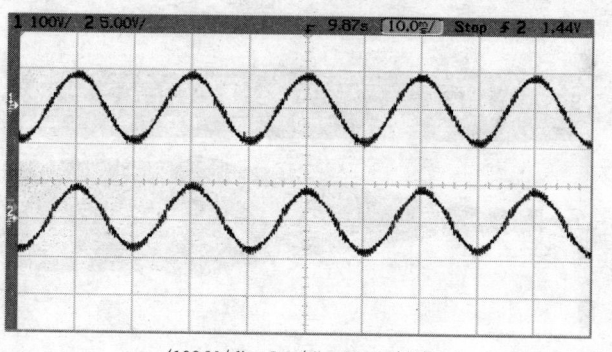

(100 V/div, 5 A/div, 10 ms/div)
(f) 启动过程稳定阶段

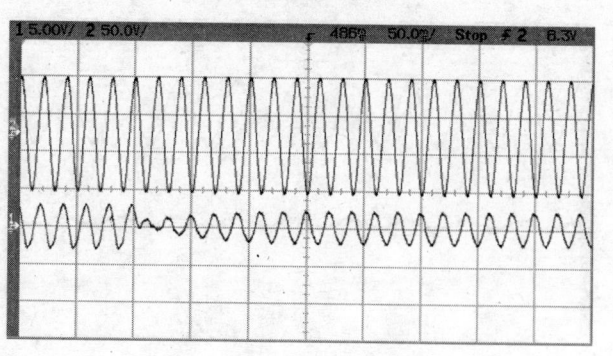

(50 V/div, 5 A/div, 50 ms/div)
(g) 从顺变状态到逆变状态

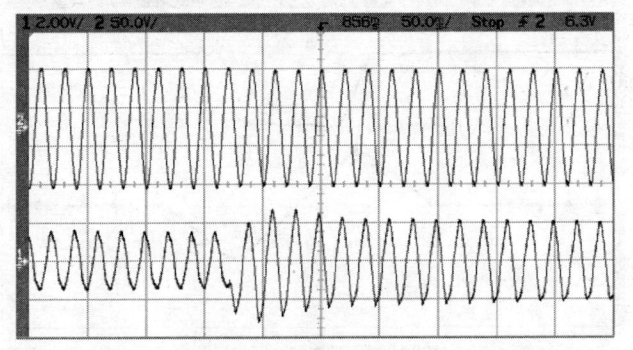

(50 V/div, 2 A/div, 50 ms/div)

(h) 从逆变状态到顺变状态

图 4.16 变化过程实验波形

图 4.16(g)的初始几个周期是系统工作于顺变状态下相电压与相电流的波形,后面是进入逆变时的波形.因提供逆变的外部直流电源的容量有限,逆变时电流较小.图 3.16(h)与之相反.在状态切换过程中约需要 100 ms.

图 4.17 为谐振波形.图 4.17(a)和图 4.17(b)为实现零电压开关的谐振波形,图 4.17(b)是图 4.17(a)局部放大,图中上曲线是变流器直流母线间电压 U_{PN} 波形,下曲线是谐振电感上的电流 i_{Lr} 波形.电压

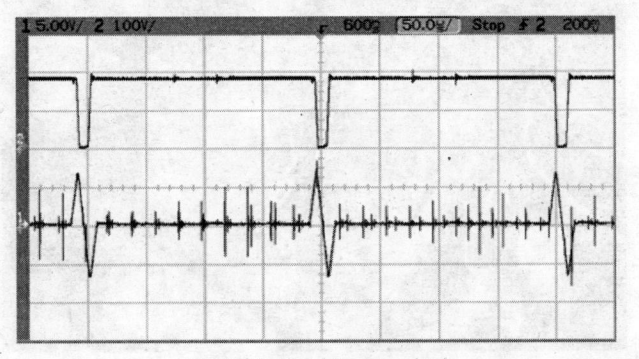

(100 V/div, 5 A/div, 50 μs/div)

(a) 实现零电压开关的谐振波形

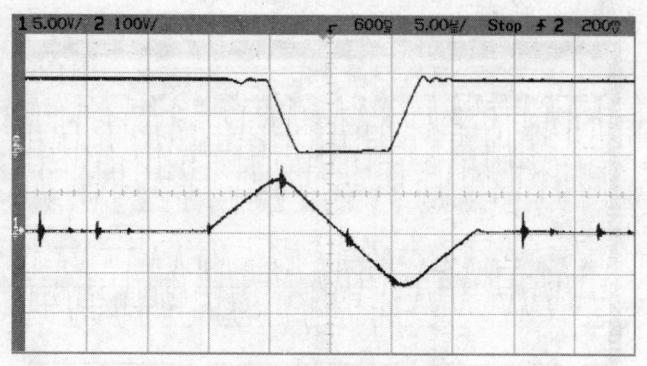

(100 V/div, 5 A/div, 5 μs/div)
(b) 实现零电压开关的谐振波形

图 4.17　谐振波形

U_{PN} 在上下功率开关元件切换时谐振到零,为实现功率开关元件的零电压动作提供条件.

4.5.4　实验装置

图 4.18 为软开关三相 PWM 变流器实验装置照片.

图 4.18　高功率因数软开关三相 PWM 变流器实验装置照片

图 4.19 为三相直流环节谐振高功率因数 PWM 变频器照片. 该变频器是由"软开关三相 PWM 变流器"与"软开关三相 PWM 逆变器"组合构成, 其中后者是由课题组另一位博士生许春雨同学完成的.

图 4.19 三相直流环节谐振高功率因数 PWM 变频器照片

为简化系统, 该实验装置控制板采用贴片元件, 功率开关元件为三菱公司 IPM 模块 PS12038, 控制系统与主电路共地.

4.6 小结

本章阐述了实现软开关三相 PWM 变流器的具体实现策略, 简单介绍了控制系统和实验装置, 现总结如下:

1. 在实现软开关 PWM 控制方法上, 与传统的三角载波控制相比较, 采用正负斜率锯齿载波控制具有显著的优点: 便于实现谐振控制、减少谐振次数、提高直流母线电压利用率等.

2. 提出了一种无电流传感器的电流极性检测方法, 能够准确地判断出电流极性翻转时刻, 这样不仅使得系统所采用正负斜率交替的锯齿载波能按时切换, 便于实现软开关的控制, 而且为进一步的电流补偿提供了前提条件.

3. 分析了在电流极性翻转处电流波形失真的原因,并给出了相应的补偿措施. 经实验证明:这种无电流传感器的电流极性检测方法和电流补偿方法简便有效,节约了硬件和 CPU 资源,虽然该检测方法忽略了过渡过程,但系统控制几乎不受影响.

4. 本章所探讨的 PWM 实现策略不仅能用在单位功率因数的场合,而且适用在功率因数可调的情况,其中电流极性检测与电流补偿方法,需要根据所调节的功率角来进行相应调整. 这种方法适用于基于幅相控制方式的软开关三相 PWM 变流器.

5. 在三相直流环节谐振高功率因数 PWM 变频系统中,只有一个直流谐振环节,具有电路结构简单、开关次数少的特点,电路的切换是以单纯的 ZVS 方式进行的,从而可以减少开关损耗和抑制 EMI,并实现输入单位功率因数,能有效地抑制谐波电流.

6. 经实验证明,所研究的实现策略有效保证了软开关技术在三相 PWM 变流器上的实现,具有简便有效、节约硬件资源、相电流谐波较小等优点.

第五章　高效率辅助谐振变换极型 PWM变流技术

　　软开关 PWM 变流器有多种拓扑结构,对于零电压变流器来说,根据其谐振位置不同,大致可分为两类:直流环节谐振系统 RDCLS (resonant DC link system)[69, 101],极谐振系统 RPS(resonant pole system)[71, 102]. 前者通过并联在直流母线上的谐振电感与并联在功率开关元件上的缓冲电容构成谐振电路,使得直流母线电压周期性地降为零,实现功率开关元件的零电压动作,这种类型结构相对简单,但降低了母线电压的利用率;后者通过并联在桥臂输入端上的谐振电感与并联在功率开关上的缓冲电容构成辅助谐振电路,使得桥臂输入端电压周期性的降为零或者升为母线电压,实现功率开关元件的零电压动作. 这种结构具有传送电能效率高、功率器件及续流二极管承受的电压电流应力低等优点,但对于传统的辅助谐振变换极型三相 PWM 变流器来说,每一桥臂均配有一组辅助谐振电路,这样辅助谐振环节就有六个辅助开关元件、三个谐振电感、六个二极管组成,结构复杂,为此,有文献提出了结构简化的极谐振型变流器[81, 84].

　　作为前一课题的发展和深化,本章进一步提出了一种结构简化的辅助谐振变换极型三相 PWM 变流器. 本变流器只需要两个辅助开关元件、一个谐振电感、六个二极管. 该变流器基于幅相控制的基础上,采用开关次数最少的 PWM 调制模式,这样不仅保证了谐振的正常进行,而且进一步提高了系统的效率,控制简便. 本章初步阐述了该 ARCP 变流器的 PWM 控制方式,从理论上探讨了产生零电压谐振的工作模式,并对谐振电路和谐振条件进行了原理分析和数学推导. 经仿真验证,该变流器能够在满足单位功率因数运行情况下,实现零电压条件下功率开关元件动作.

5.1　主电路结构和 PWM 控制方式

图 5.1 进一步提出的 ARCP 型三相 PWM 变流器的主电路结构. 图中，e_R、e_S 和 e_T 分别为三相交流电源，三相 Boost 全桥电路由串联电感 L_R、L_S、L_T、功率开关元件 $V_1 \sim V_6$、二极管 $D_1 \sim D_6$ 及缓冲电容 $C_1 \sim C_6$ 组成；谐振电路由六个二极管 $D_{A1} \sim D_{A3}$、$D_{B1} \sim D_{B3}$、辅助开关元件 V_A、V_B 及谐振电感 L_r 组成，C_{d1}、C_{d2} 为滤波电容. 图中设定负载上的直流电压为 E_d，分别用 $E_d/2$ 表示 C_{d1}、C_{d2} 上的分压，u_R、u_S 和 u_T 分别为 PWM 调制生成的相电压的基波成分. 下面进一步说明该变流器的 PWM 控制方式.

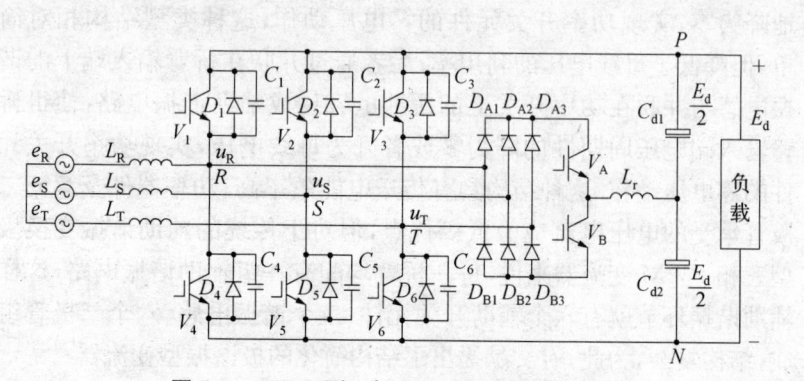

图 5.1　ARCP 型三相 PWM 变流器的主电路

该变流器采用了幅相控制方式，便于实现以单位功率因数向负载传输电能，相电压和相电流始终保持同步运行. 这样有以下表达式成立

$$u_R(t) = M\sin(\omega t - \theta_0)$$
$$u_S(t) = M\sin\left(\omega t - \theta_0 - \frac{2\pi}{3}\right)$$
$$u_T(t) = M\sin\left(\omega t - \theta_0 - \frac{4\pi}{3}\right) \tag{5.1}$$

式中, M 为调制深度, θ_0 为相电压 u_R 滞后相电压 e_R 的偏移角.

图 5.2 为 PWM 调制模式. 图中, i_R、i_S 和 i_T 分别为三相电流, u_R'、u_S' 和 u_T' 分别为三相调制波信号, $G_1 \sim G_6$、G_A 和 G_B 分别为功率开

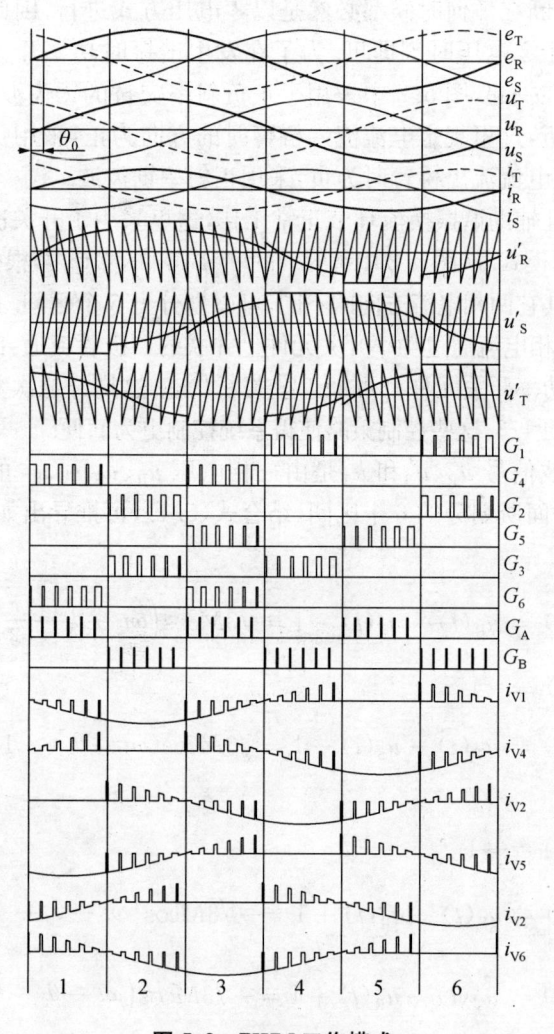

图 5.2 PWM 工作模式

关元件 $V_1 \sim V_6$、V_A 和 V_B 的门极驱动信号、$i_{V1} \sim i_{V6}$ 分别为流经功率开关元件 $V_1 \sim V_6$ 上的电流.

从图 5.1 可知,三相 Boost 全桥中各功率元件上都并联有缓冲电容,则其关断在任何时候都必然是以零电压方式进行,因此只要考虑其开通处于零电压时刻即可. 为了在发生谐振时功率开关元件开通时刻集中在一起,图 5.2 中采用了正负斜率交替的锯齿波作为载波. 为便于分析,这里规定电流流入桥臂时的方向为正,采用负斜率锯齿波,反之当电流流出桥臂时为负,采用正斜率锯齿波.

为保证辅助谐振换流环节正常工作,这里采用了开关次数最少的 PWM 调制模式. 从图 5.2 中可知,在一个周期 $[0, 2\pi]$ 内,根据某一相电流方向与其它两相电流方向的不同,可以划分出 6 个区间. 在任一区间内,由于该相电流通过功率开关元件上并联的二极管流通,因此该相所在的两个功率开关元件都可处于全关断状态,这样开通次数就可以减少到原来的 1/3. 这些控制策略使得系统控制更为简便.

调制波信号 u_R'、u_S' 和 u_T' 是由三相电压 u_R、u_S 和 u_T 的线电压生成,按照上面所划分的 6 个区间,结合式(5.1),可推导出如下表达式

区间 1

$$u_R'(t) = u_R(t) - u_S(t) - 1 = \sqrt{3}M\cos\left(\omega t - \theta_0 - \frac{\pi}{3}\right) - 1$$

$$u_S'(t) = -1$$

$$u_T'(t) = u_T(t) - u_S(t) - 1 = \sqrt{3}M\cos(\omega t - \theta_0) - 1$$

区间 2

$$u_R'(t) = +1$$

$$u_S'(t) = u_S(t) - u_R(t) + 1 = -\sqrt{3}M\cos\left(\omega t - \theta_0 - \frac{\pi}{3}\right) + 1$$

$$u_T'(t) = u_T(t) - u_R(t) + 1 = -\sqrt{3}M\cos\left(\omega t - \theta_0 - \frac{2\pi}{3}\right) + 1$$

区间 3

$$u'_R(t) = u_R(t) - u_T(t) - 1 = \sqrt{3}M\cos\left(\omega t - \theta_0 - \frac{2\pi}{3}\right) - 1$$

$$u'_S(t) = u_S(t) - u_T(t) - 1 = -\sqrt{3}M\cos(\omega t - \theta_0) - 1$$

$$u'_T(t) = -1$$

区间 4

$$u'_R(t) = u_R(t) - u_S(t) + 1 = \sqrt{3}M\cos\left(\omega t - \theta_0 - \frac{\pi}{3}\right) + 1$$

$$u'_S(t) = +1$$

$$u'_T(t) = u_T(t) - u_S(t) + 1 = \sqrt{3}M\cos(\omega t - \theta_0) + 1$$

区间 5

$$u'_R(t) = -1$$

$$u'_S(t) = u_S(t) - u_R(t) - 1 = -\sqrt{3}M\cos\left(\omega t - \theta_0 - \frac{\pi}{3}\right) - 1$$

$$u'_T(t) = u_T(t) - u_R(t) - 1 = -\sqrt{3}M\cos\left(\omega t - \theta_0 - \frac{2\pi}{3}\right) - 1$$

区间 6

$$u'_R(t) = u_R(t) - u_T(t) + 1 = \sqrt{3}M\cos\left(\omega t - \theta_0 - \frac{2\pi}{3}\right) + 1$$

$$u'_S(t) = u_S(t) - u_T(t) + 1 = -\sqrt{3}M\cos(\omega t - \theta_0) + 1$$

$$u'_T(t) = +1 \tag{5.2}$$

利用调制波与正负斜率交替的锯齿载波相比较,就能得到图 5.2 所示的各功率开关元件的门极驱动信号 $G_1 \sim G_6$.

5.2 谐振工作模式分析

下面分析辅助谐振换流环节的工作模式. 在图 5.2 的 6 个区间

内,当某相电流方向为负,而其它两相电流方向为正时,令谐振电路中功率开关元件 G_A 动作,发生谐振;反之,当该相电流为正,而其它两相电流方向为负时,令谐振电路中功率开关元件 G_B 动作.下面仅以功率开关元件 G_A 动作时为例进行分析.

以区间 1 为例,三相电流的方向始终为 $i_S > 0$、$i_R > 0$、$i_T < 0$,那么 T 相所在桥臂上的两个功率开关元件 V_2 和 V_5 一直关断,R、S 相所在上桥臂功率开关元件 V_1 和 V_2 一直关断,只有下桥臂功率开关元件 V_4、V_6 和辅助开关元件 V_A 动作.

图 5.3 为该 ARCP 电路各模式的动作波形,在一个载波周期内,根据主电路开关动作共有 9 个工作模式.电路的各动作模式如图 5.4 所

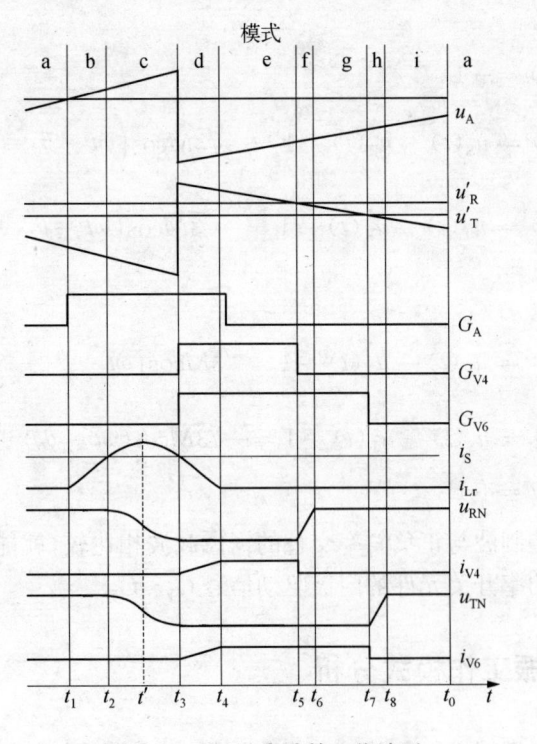

图 5.3　ARCP 电路的工作波形

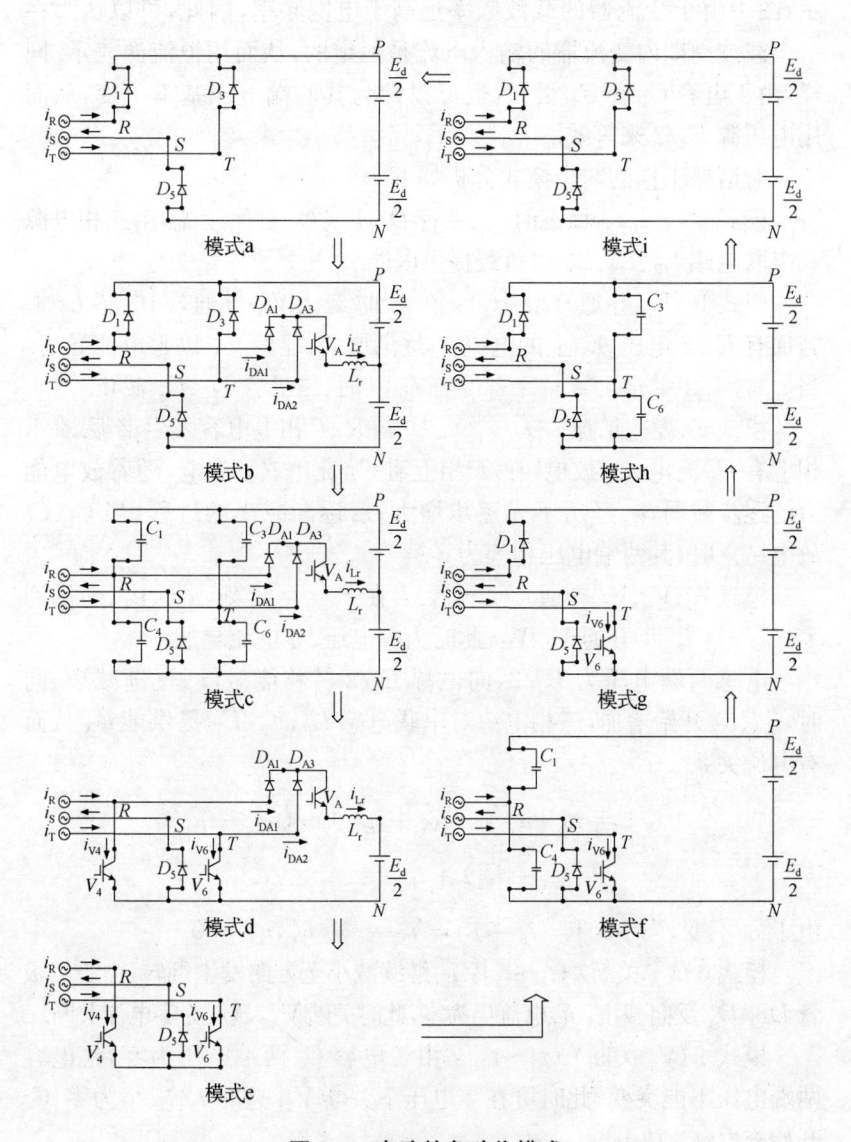

图 5.4　电路的各动作模式

示,图中由于变流器的载波频率远高于电网频率,因此,可以认为在一个载波周期内变流器的输入电流是恒定的,从而用恒流源表示. 同样,由于电容 C_{d1} 和 C_{d2} 很大,也可以认为其两端电压基本不变,从而用电压源 $E_d/2$ 来等效.

对谐振工作的 9 个模式分析如下

模式 a ($\sim t_1$):稳态时,二极管 D_1、D_2、D_3 自然续流,由三相电源和串联电感 L_R、L_S、L_T 向负载提供电能.

模式 b (V_A 导通) ($t_1 \sim t_2$):在 t_2 时刻让 V_A 导通,则电感 L_r 上施加有 $E_d/2$ 电压,L_r 上的电流 i_{Lr} 逐渐增大,显然 V_A 以零电流导通. 当 $i_{Lr} = i_{DA1} + i_{DA3} \geqslant i_R + i_T (= | i_S |)$ 时,二极管 D_1、D_3 截止.

模式 c (发生谐振) ($t_2 \sim t_3$):L_r 与 R、T 相上电容发生谐振. 在 R 相上有 C_1 充电、C_4 放电,在 T 相上有 C_3 充电、C_6 放电,随着放电能力的逐步减弱,i_{Lr} 经历了先逐步增大,后逐渐减小的过程,当 C_4、C_6 放电结束时,其两端电压相等为零.

模式 d (V_4、V_5 导通) ($t_3 \sim t_4$):在 $t = t_3$ 时刻,u_{RN}、u_{TN} 降低到零,$i_{Lr} = | i_S |$,开通 V_4、V_6,此时为零电压、零电流导通.

电感两端电压为 $E_d/2$,向电源 $E_d/2$ 转移能量,i_{Lr} 逐渐减小. 同时,i_{V4}、i_{V6} 开始增加,三相电源对串联电感 L_R、L_S、L_T 提供能量. 从而有电流关系

$$| i_S | = i_R + i_T = (i_{V4} + i_{DA1}) + (i_{V4} + i_{DA3})$$

$$= (i_{V4} + i_{V4}) + i_{Lr}$$

由于 i_S 不变,当 $| i_S | = i_R + i_T = i_{V4} + i_{V6}$ 时,$i_{Lr} = 0$.

模式 e (V_A 关断) ($t_4 \sim t_5$):i_{Lr} 继续减小至方向发生翻转,由于二极管 D_{A1}、D_{A3} 反向截止,i_{Lr} 电流仍为零,此时关断 V_A,显然为零电流关断.

模式 f (V_4 关断) ($t_5 \sim t_6$):由于电容 C_4 两端电压为零,且电容两端电压不能突变,此时可在零电压下关断 V_4. 这时 i_{V4} 减小为零,C_4 开始充电,C_1 放电.

模式 g (D_1 导通) ($t_6 \sim t_7$):在 t_6 时刻,u_{RN} 升高至 E_d,C_1 两端电

压为零,此时由 R、S 相电源和串联电感 L_R、L_S 向负载提供电能,正向电压使得二极管 D_1 导通.

模式 h(V_6 关断)($t_7 \sim t_8$):同模式 f 分析类似,可在零电压下关断 V_6,i_{V6} 减小为零,C_6 开始充电,C_3 放电.

模式 i(D_3 导通)($t_8 \sim t_0$):同模式 g 分析类似,二极管 D_3 导通.此时由二极管 D_1、D_2、D_3 自然续流,三相电源和串联电感 L_R、L_S、L_T 向负载提供电能,回到模式 a.

5.3 谐振数学解析

根据前面的谐振模式分析,对谐振条件进行数学解析如下:

1. 谐振开始之前,处于模式 b($t_1 \sim t_2$)阶段,有关分析如下

设电感 L_r 的电感量为 L_r,初始条件:$i_{Lr}(t_1) = 0$,$u_{Lr} = E_d/2$,从而有电压关系

$$L_r \frac{\mathrm{d}i_{Lr}}{\mathrm{d}t} = \frac{E_d}{2} \sum$$

可求出

$$i_{Lr}(t) = \frac{E_d}{2L_r}(t - t_1)$$

在 $t = t_2$ 时刻,$i_{Lr}(t_2) = |i_S|$,即

$$i_{Lr}(t_2) = \frac{E_d}{2L_r}(t_2 - t_1) = |i_S|$$

从而有

$$\Delta t_2 = t_2 - t_1 = \frac{2L_r |i_S|}{E_d} \tag{5.3}$$

2. 发生谐振时,处于模式 c($t_2 \sim t_3$)阶段,有关分析如下

图 5.5 为简化的等效谐振电路图.设每个电容值为 C_r,初始条

件：$u_{C4}(t_2) = u_{C6}(t_2) = E_d$，即 $U_{C4}(S) = U_{C6}(S) = E_d/S$，谐振电流 $i_r(t_2) = 0$. 在图 5.5(d)中，可得到如下方程

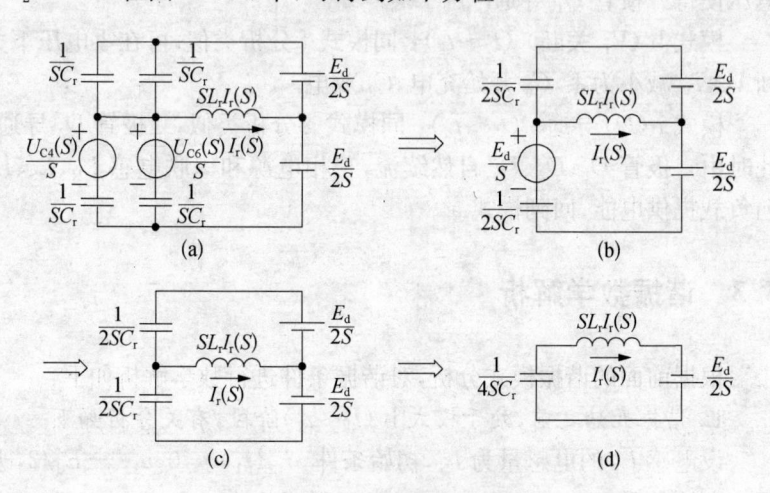

图 5.5　简化等效谐振电路图

$$\frac{1}{4SC_r}I_r(S) + SL_rI_r(S) = \frac{E_d}{2S}$$

求解得

$$I_r(S) = E_d\sqrt{\frac{C_r}{L_r}}\frac{\omega_r}{S^2 + \omega_r^2}, \quad \omega_r^2 = \frac{1}{4L_rC_r} \tag{5.4}$$

则有

$$i_r(t - t_2) = E_d\sqrt{\frac{C_r}{L_r}}\sin \omega_r(t - t_2) \tag{5.5}$$

当 $t = t'$ 时刻，i_r 达到最大值时，对式(5.5)求导，并令左式

$$\frac{di_r(t - t_2)}{d(t - t_2)} = 0$$

有
$$\cos \omega_r(t - t_2) = 0$$

可求得

$$\Delta t' = t - t_2 = \frac{\pi}{2\omega_r} = \pi\sqrt{L_r C_r} \tag{5.6}$$

在图 5.5(a)中,电容 C_4、C_5 两端电压为

$$U_{C4}(S) = U_{C5}(S) = \frac{E_d}{S} - SL_r I_r(S) - \frac{E_d}{2S}$$

将式(5.4)代入上式,有

$$U_{C4}(S) = U_{C5}(S) = \frac{E_d}{2S} - \frac{E_d}{2}\frac{S}{S^2 + \omega_r^2}$$

解得

$$u_{C4}(t - t_2) = u_{C5}(t - t_2) = \frac{E_d}{2}[1 - \cos\omega_r(t - t_2)] \tag{5.7}$$

将式(5.6)代入上式,即 i_r 达到最大值时,$C_4(C_6)$两端电压为

$$u_{C4}(\Delta t') = u_{C5}(\Delta t') = \frac{E_d}{2} \tag{5.8}$$

当 $C_4(C_6)$放电至 $t = t_3$ 时刻,其两端电压为零时,令式(5.7)等于零,可得

$$\cos\omega_r(t_3 - t_2) = 1$$

$$\Delta t_3 = t_3 - t_2 = \frac{\pi}{\omega_r} = 2\pi\sqrt{L_r C_r} \tag{5.9}$$

将式(5.9)代入式(5.5),即在 $t = t_3$ 时刻,谐振电流 i_r 为

$$i_r(\Delta t_3) = i_r(t_3 - t_2) = 0 \tag{5.10}$$

上述结果指出,当 i_{Lr} 达到最大值时,$C_4(C_6)$两端电压已由 E_d 下降到 $E_d/2$. 这是因为,当 $u_{C4}(u_{C6}) > E_d/2$ 时,L_r 上承受(($u_{C4} - E_d/2) > 0$)的电压,因此 i_{Lr} 由 ($i_{Lr} = i_{Lr}(t_2) + i_r(t - t_2) = i_S + i_r(t -$

t_2))继续增大,L_r 上积蓄的能量继续增加. 当 $u_{C4}(u_{C6}) = E_d/2$ 时,L_r 上承受的外加电压为零,i_{Lr} 停止增大,即达到了最大值. 随着 $C_4(C_6)$ 的放电,$u_{C4}(u_{C6})$ 逐步下降. 当 $u_{C4}(u_{C6}) < E_d/2$ 时,L_r 上承受的外加电压反方向,故 L_r 上反电动势 $L_r di_{Lr}/dt$ 调整方向,i_{Lr} 逐渐减小,L_r 释放的能量应该等于前面增加的能量,当 $t = t_3$ 时刻,$i_{Lr} = i_{Lr}(t_2) + i_r(t - t_2) = i_S$.

3. 确定谐振发生时刻的辅助开关元件 V_A 的动作时刻

为便于分析,图 5.3 中采用正斜率锯齿载波与参考电压比较,u_A 的大小决定了 V_A 的导通时刻,即什么时间发生谐振. 如图中所示,V_A 的导通时刻发生在锯齿波的垂直沿之前,即 t_1 时刻,由以上 A、B 分析可知,这段时间的提前量应为 $(\Delta t_2 + \Delta t_3)$.

由于是双极性调制,设载波周期为 T_c,则可求解参考电压 u_A 如下

$$\frac{u_A + 1}{2} = \frac{T_C - (\Delta t_2 + \Delta t_3)}{T_c}$$

即

$$u_A = 1 - \frac{2(\Delta t_2 + \Delta t_3)}{T_C}$$

将式(5.3)和(5.9)代入上式,可得

$$u_A = XI + Y \tag{5.11}$$

式中,$X = -\dfrac{4L_r}{T_c E_d}$,$I = |i_S|$,$Y = 1 - \dfrac{4\pi\sqrt{L_r C_r}}{T_c}$

由式(5.11)可知,V_A 的导通时刻应随着电流 i_S 的变化而改变,即可跟踪负载的波动. 而 V_A 的关断时刻应在锯齿波的垂直沿之后,所需要的延迟时间应大于 $(t_4 - t_3 \approx \Delta t_3)$.

对图 5.2 所有区间中参考电压 u_A 或 u_B 的求解,同样可以采用正斜率锯齿载波,式(5.11)也适用于图 5.2 中所有区间,不同的是参考电流 I 的取值须作如下改变.

$$区间 1 和 4, I = |\, i_S\, |$$

$$区间 2 和 5, I = |\, i_R\, |$$

$$区间 3 和 6, I = |\, i_T\, |$$

在以上这种工作方式中,谐振使得桥臂输入端电压周期性降为零,为下管的导通提供零电压条件,而在另一种工作方式中,谐振使得桥臂输入端电压周期性升高至母线电压 E_d,同样为上管的导通提供零电压条件,限于篇幅,此略.

5.4 控制系统与仿真研究

5.4.1 控制系统原理

图 5.6 为控制系统原理框图,该控制系统由两部分组成

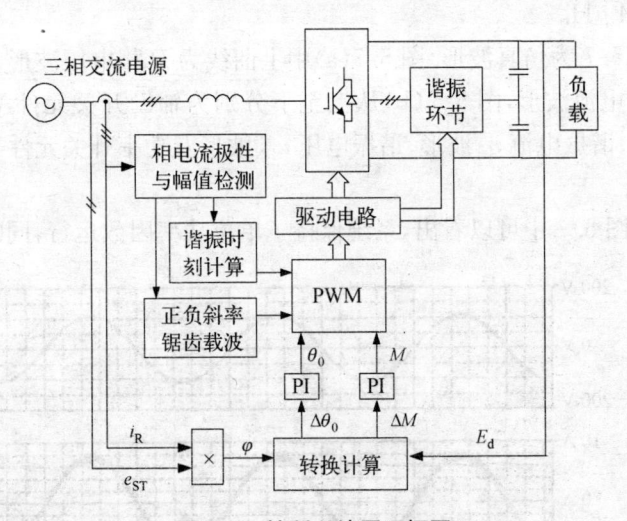

图 5.6 控制系统原理框图

一部分是在幅相控制方式下,保持系统的功率因数为 1 和恒定的直流电压 E_d. 一方面,通过检测线电压 e_{ST} 和相电流 i_R,对其鉴相处理

后,求出功率因数角 φ,转换为控制角 θ_0 的偏移量 $\Delta\theta_0$,送入相角控制 PI 调节器,得到控制角 θ_0;另一方面,通过检测直流电压 E_d,转换为调制深度的偏移量 ΔM,送入电压控制 PI 调节器,得到调制深度 M. 再根据式(5.2)可求得各区间的调制波信号.

另一部分是通过检测三相电流极性与幅值,保证 ARCP 谐振正常工作. 经检测电流极性,可以确定采用正负斜率锯齿载波与调制波信号比较产生 PWM 驱动信号. 同时经检测得到相电流幅值,根据式(5.11)可求得辅助开关元件的驱动信号.

5.4.2 仿真研究

结合图 5.1,本系统仿真参数为:载波频率为 3.3 kHz,输入相电压为 110 V,输出直流电压为 250 V,负载为 1.5 kW,串联电感 $L = 7$ mH,分压电容 $C_{d1} = C_{d2} = 1\,100\,\mu F$,缓冲电容 $C_r = 8$ nF,谐振电感 $L_r = 14\,\mu H$.

图 5.7 为仿真波形. 图 5.7(a)中上曲线为 R 相电压波形、下曲线为 R 相电流波形,图 5.7(b)从上至下分别为辅助开关元件 V_A 的触发信号、谐振电流 i_{L_r} 波形、谐振电压 u_{RN} 波形及功率开关元件 V_4 的触发信号.

从图 5.7 中可以看出,系统保持了单位功率因数运行,同时谐振

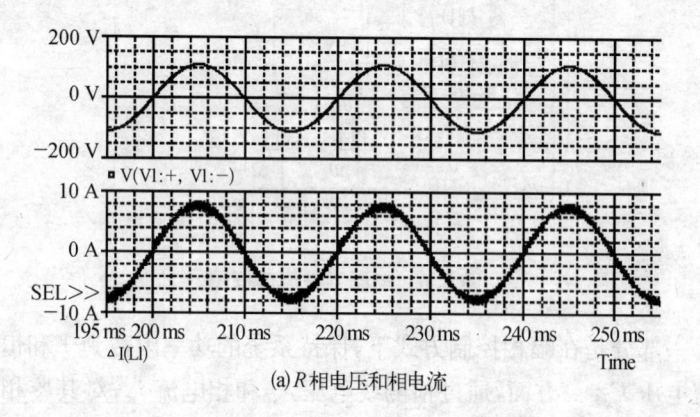

(a)R 相电压和相电流

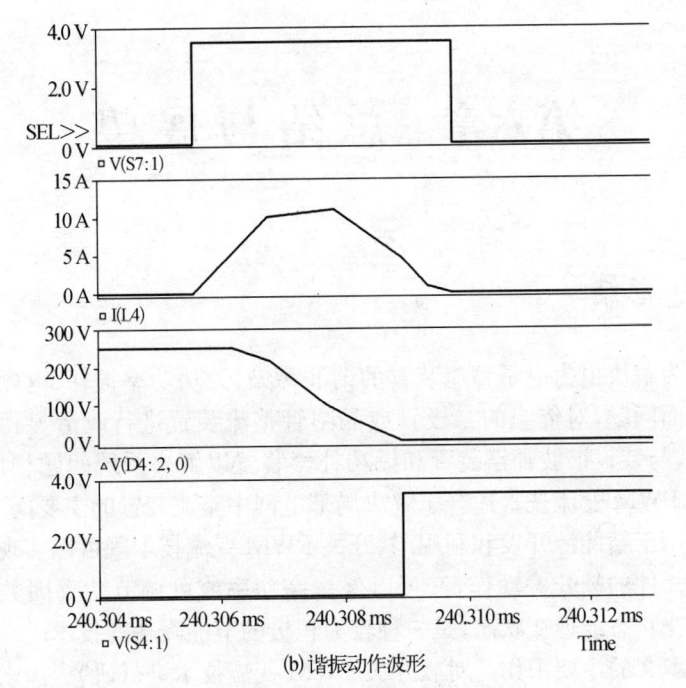

(b) 谐振动作波形

图 5.7 仿真波形

的仿真结果与图 5.3 中瞬态过程分析一致.

5.5 小结

1. 本章进一步提出了一种辅助谐振变换极型三相 PWM 变流器拓扑结构,并就其工作机理、控制策略、谐振模式作了详细分析和仿真研究.仿真研究结果与数学分析一致.

2. 本变流器克服了传统的辅助谐振变换极型系统结构复杂的缺点,并保持了该类型系统的高效率的优点,其主电路拓扑简单,硬件开销省,换流电路的峰值电流小,加上使用开关次数最少的 PWM 调制模式,这些不仅使得系统的效率提高,而且便于控制.需要说明的是它不能工作在逆变状态.

第六章 总结与展望

6.1 总结

为解决电力电子整流装置的谐波污染、无功功率损耗、电磁干扰等负面问题,对传统的二极管或晶闸管整流装置进行改造显得很有必要,与装设谐波补偿装置和无功补偿装置以解决系统问题相比,软开关 PWM 变流技术适合于解决局部电网中整流装置的主要问题,并且适用于新能源开发和利用. 软开关 PWM 变流技术既可以实现功率开关元件的软开关动作,又可以保持高功率或可调节功率因数运行于顺变状态或逆变状态,是一种较为积极的节能降耗的技术.

本文的主要工作是对软开关 PWM 变流技术进行研究,探索新型软开关变流器及其控制策略. 本文在总结三相 PWM 变流器拓扑结构及其控制策略的基础上,提出了一种新颖的三相直流环节谐振 PWM 变流器拓扑;为实现软开关 PWM 变流器工作,对三相 PWM 变流技术进行了研究;研究了软开关变流技术的实现方法,并进行了理论仿真和实验研究;最后进一步提出了一种结构简化的辅助谐振变换极三相 PWM 变流器拓扑. 本文主要的研究内容及成果如下:

1. 提出了一种三相直流环节谐振 PWM 变流器拓扑,分析了该三相直流环节谐振 PWM 变流器的等效电路、谐振的工作条件、谐振工作模式及相关的谐振数学解析. 分析了直流环节谐振三相高功率因数 PWM 变频系统的工作原理和控制方案. 该变流器具有结构和控制都较为简便的优点.

2. 提出了一种实现单位功率因数的相量调节方式,建立的低频数学模型能够较准确地描述系统的工作状况. 分别在顺变和逆变状态下,描述了基于幅相控制的相量调节方式,分析了控制角 α、最大负载能力、最大回馈电网电能与调制深度、负载、电感量之间的关系,研究了变流器的工作区间.

3. 提出了一种适合于三相 PWM 整流的电流前馈控制方法,以提高系统的动态响应性能. 文中对这种电流前馈控制方式进行了原理分析和数学推导. 这种将直流侧负载电压的变化率转化为到达下一个平衡状态的附加控制量的方法,能够有效地提高幅相控制方式的动态性能.

4. 在实现单位功率因数控制的基础上,提出了一种实现可调功率因数的相量调节方式. 探讨了在顺变下从电网吸收容性或感性无功功率的相量调节方式以及在逆变状态下向电网回馈容性或感性的无功功率的相量调节方式. 利用所建立的低频数学模型,研究了受控的功率因数角 φ、最大负载能力、最大回馈电网电能与调制深度 M、负载、电感量之间的关系.

5. 从理论上分析了系统的传输功率和稳定性. 给出了传输功率与控制角 α、调制深度 M 的关系. 探讨了系统稳定性问题中的功率因数角 φ 与控制角 α 的关系、控制角 α 的临界值,以及直流母线电压 E_d 与控制角 α、调制深度 M 的关系.

6. 在具体实现软开关三相 PWM 变流技术上,为了便于对软开关控制,提出了采用正负斜率交替的锯齿载波的 PWM 调制方法,比较说明了该实现方式及其优点. 由于需要根据电流极性来选择使用正或负斜率锯齿载波,并且在正负斜率交替的锯齿载波翻转处会产生电流失真,为此分别在顺变和逆变状态下,提出了一种电流极性检测与电流补偿方法. 它是一种无电流传感器的软件实现方法,具有节省硬件和 CPU 资源、便于实现等优点. 经实验验证,该方法简便有效.

研究结果证明:电流的谐波含量非常小、正弦度良好,系统能够实现单位功率因数或功率因数可调的运行、能量的双向流动、输出直流电压可调、改善传统幅相控制系统的动态性能,实现功率开关元件的零电压动作,达到抑制电磁干扰和减小谐波污染的目的.

7. 作为该自然科学基金项目的延续和发展,文章从提高变流系统效率考虑,进一步提出了一种结构简化的辅助谐振变换极三相PWM 变流器拓扑.文章进一步分析了该 ARCP 变流器产生零电压谐振的工作模式,并对谐振电路和谐振条件进行了数学解析,给出了PWM 控制方式,仿真结果表明上述理论分析的正确性.

本文课题是国家自然科学基金项目"抑制 EMI 新型变频应用基础研究"(No. 59977012)的一部分.部分研究成果(基于幅相控制的直流环节谐振三相 PWM 变流技术)已经应用到台达电力电子科教发展基金项目"高功率因数软开关 PWM 变频器"(2002~2004 年度)上;部分研究成果(基于幅相控制的 PWM 变流技术)正应用到上海市齐耀动力有限公司的合作项目"50 kW 可逆变频器"上.

6.2　后续工作展望

随着人们对节能、环保、新能源开发的需求日趋重视,软开关三相 PWM 变流器的应用场合将不断拓宽.由于时间的限制,虽然目前工作暂告一段落,但能够深入研究的工作仍然很多:

1. 对进一步提出的辅助谐振变换极型三相 PWM 变流器进行实验研究,发现新问题,找到解决办法,寻求最佳方案,为其实际应用打下基础.

2. 对三相直流环节谐振 PWM 变流器进行实用化研究,需要深入三相不平衡状态下系统稳定工作问题、系统参数最优化问题、与新能源开发相结合等,以期实现软开关三相 PWM 变流器的产品化.

附　　录
文中常用的符号表

acq-RDCL：active clamped Resonant DC Link　　　　有源箝位直流环节谐振型

APF：Active Power Filter　　　　有源滤波器

ARCP：Auxiliary Resonant Commutated Pole　　　　辅助谐振极换流型

basic RDCL：basic Resonant DC Link　　　　基本直流环节谐振型

CONVERTER　　　　变流器、整流器

EMI：Electro-Magnetic Interference　　　　电磁干扰

HVDC：High Voltage Direct Current Transmission　　　　高压直流传输

INVERTER　　　　逆变器、变频器

pcq-RDCL：passive clamped Resonant DC Link　　　　无源箝位直流环节谐振型

PFC：Power Factor Correction　　　　功率因数校正

PPF：Passive Power Filter　　　　无源滤波器

PRDCL：parallel Resonant DC Link　　　　并联直流环节谐振型

PWM：Pulse Width Modulation　　　　脉宽调制

RCP：Resonant Commutated Pole　　　　谐振极换流型

RDCLS：Resonant DC Link System　　　　直流环节谐振型系统

RPS：Resonant Pole System　　　　极谐振型系统

SAPWM：Saddle Wave Pulse Width Modulation　　　　鞍形调制波脉宽调制

SMES：Superconducting Magnetic
    Energy Storage   超导储能

SOA：Safe operation area   安全工作区

SPWM：Sine Wave Pulse Width Modu-
    lation   正弦调制波脉宽调制

SRDCL：Series Resonant DC Link   串联直流环节谐振型

SVC：Static Var Compensator   静止无功补偿装置

SVG：Static Var Generator   静止无功发生器

UPFC：Unified Power Flow Control   统一潮流控制

ZCS：Zero Current Soft Switching   零电流软开关

ZVS：Zero Voltage Soft Switching   零电压软开关

参 考 文 献

1　陈伯时,陈敏逊. 交流调速系统. 北京：机械工业出版社,1998

2　黄俊,王兆安. 电力电子变流技术. 北京：机械工业出版社,2003

3　莫正康. 晶闸管变流技术. 北京：机械工业出版社,1988

4　Yacamini, R. Overview on sources of harmonic distortion. *IEE Colloquium on Sources and Effects of Harmonic Distortion in Power Systems*, 1997, **5**：1~3

5　程肇基,徐德洪等. 电力电子装置的运行谐波干扰. 浙江大学学报(自然科学版),1993,27(5)：565~571

6　Kuisma, M. Variable frequency switching in power supply EMI-control：an overview. IEEE Trans. *Aerospace and Electronic Systems Magazine*, 2003, **18**(12)：18~22

7　钱照明,程肇基. 电力电子系统电磁兼容设计基础与干扰抑制技术. 浙江：浙江大学出版社,2000

8　IEEE recommended practices and requirements for harmonic control in electric power systems. *IEEE Std*. 519~1992, 1993

9　Disturbances caused by equipment connected to the public low-voltage supply system. Part 2：Harmonics. *IEC Sub-committee 77A report*, 1990 (Revised draft of IEC555-2)

10　中华人民共和国国家标准 GB/T 14549-93 电网质量——公用电网谐波. 北京：中国标准出版社,1994

11　国家技术监督局标准公司,全国无线电干扰标准化技术委员会. 欧洲：电磁兼容法规、标准与执行. 1994

12　王兆安,杨君,刘进军. 谐波抑制和无功功率补偿. 北京：机械工业出版社,1998

13　陈国呈. PWM 变频调速及软开关电力变换技术. 北京：机械工业出版社, 2001

14　王聪. 软开关功率变换器及其应用. 北京：科学出版社, 2000

15　Holtz, J. Pulsewidth modulation for electronic power conversion. *Proceedings of the IEEE*, 5, 1994, **82**(8): 1194～1214

16　Gyugyi, L. Power electronics in electric utilities: static VAR compensators. *Proceedings of the IEEE*, 1988, **76**(4): 483～494

17　Zhang Zhong-Chao, Boon-Teck Ooi. Multimodular current-source SPWM converters for superconducting a magnetic energy storage system. *IEEE Trans. on Power Electronic*, 1993, **8**(3): 250～255

18　Thomas G., Habetler. A space vector-based rectifier regulator for AC/DC/AC converters. *IEEE Trans. on Power Electronic*, 1993, **8**(1): 30～36

19　Boon Teck Ooi, Xiao Wang. Voltage angle lock loop control of the boost type PWM converter for HVDC application. *IEEE Trans. on Power Electronics*, 1990, **5**(2): 229～235

20　Fujita H, Watanabe Y, Akayi H. Control and analysis of a unified power flow controller. *IEEE/PELS'98*, 1998: 805～811

21　徐德鸿. 三相高功率因数整流器的发展与现状. 江苏机械制造与自动化, 2000, 4: 6～9

22　王兆安, 刘进军. 电力电子装置谐波抑制及无功补偿技术的进展. 电力电子技术, 1997, 31(1): 100～104

23　马小亮. 大功率交—交变频调速及矢量控制技术. 北京：机械工业出版社, 2004

24　Huber, L., Borojevic, D. Space vector modulated three-phase to three-phase matrix converter with input power factor correction. *IEEE Transactions on Industry Applications*. **31** (6): 1234~1246

25 Kolar J. W., Sree H., Drofenik U., Mohan N., Zach F. C. A novel three-phase three-switch three-level high power factor SEPIC-type ac-to-dc converter. *Proc. IEEE APEC'97*, 1997: 657~665

26 Ishida T., Miyamoto T., *etc*. A control strategy for a five-level double converter with adjustable DC link voltage. *37th IAS Annual Meeting*, 2002, **1**: 530~536

27 Prasad A. B. and Ziogas P. D. An Active Power Factor Correction Technique for Three-phase Diode Rectifiers. *IEEE 20rd PESC*, 1989: 58~66

28 Manjusha S. Dawande, Kanetkar V. R., Copal K. Dopal Dubey. Three-phase Switch Mode Recitifier with Hysteresis Current Control. *IEEE Transaction on Power Electronics*, 1996, **11**(3): 466~471

29 Alfred Busse, Joachim Holtz. Multiloop control of a unity power factor fast switching Ac to DC converter. *Proceeding of Power Electronics Specialist Conference*, 1982: 171~179

30 Hirofumi Akagi, *etc*. Instantaneous reactive power compensators comprising switching devices without energy storage components. *IEEE Transaction on Industrial Application*, 1984, **IA-20**: 625~630

31 Marian P. Kazmierkowski, Luigi Malesani. Current control techniques for three-phase voltage-source PWM converters: A Surrey. *IEEE Transactions on Industrial Electronics*, 1998, **45**(5): 691~703

32 董晓鹏,裴云庆,王兆安.一种电压型 PWM 整流器控制方法的研

究. 电工技术学报,1998,13(5):31～41

33 杨德刚,刘润生,赵良炳. 三相高功率因数整流器的电流控制. 电工技术学报,2000,15(2):83～87

34 Rusong Wu, Shashi Dewan B. , *etc*. A PWM ac-to-dc converter with fixed switching frequency. *IEEE Trans. on Industrial Application*, 1990, **26**(5):880～885

35 Habetler T. G. A space vector-based rectifier regulator for AC/DC/AC converters. *IEEE Transactions on Power Electronics*, 1993, **8**(1):30～36

36 Juan W. Dixon, Boon-teck ooi. Indirect current control of a unity power factor sinusoidal current boost type three-phase rectifier. IEEE Transactions on Industrial Electronics, 1988, 35(4):508～515

37 Rusong Wu, Shashi B. Dewan, Gordon R. Slemon. Analysis of an ac-to-dc Voltage Source Converter Using PWM with Phase and Amplitude Control. *IEEE Transactions on Industrial Application*, 1991, **27**(2):355～364

38 大西德生. 力率制御方式三相電圧型 PWM 制御電力変換装置. 電気学会論文誌 D,1990,**110**(7):821～830

39 Ibrahim D. Hassan, Richard M. Bucci Khin T. 400MW SEMS power conditioning system development and simulation. *IEEE Transactions on Power Electronics*, 1993, **8**(3):237～249

40 Oruganti R. , Palaniapan M. Extension of inductor voltage control to three-phase buck-type AC - DC converter. *IEEE Transactions on Power Electronics*, 2000, **15**(2):295～302

41 Pires V. F. , Silva J. F. A. Single-stage three-phase buck-boost type AC - DC converter with high power factor. *IEEE Transactions on Power Electronics*, 2001, **16**(6):784～793

42 Jun Kikuchi, Thomas A. Lipo Three phase PWM boost-buck

rectifiers with power regenerating capability. *IEEE Trans. on Industrial Application*, 2002, **38**(5): 1361~1369

43　Pickert V. , Johnson C. M. Three-phase resonant converters: an overview. *IEE Colloquium on New Power Electronic Techniques*, 1997, **2**: 1~5

44　Chun T. Rim, Dong Y. Hu, Gyu Hcho. Transformers as equivalent circuits for switches: General Proofs and D - Q Transformation-Based Analyses. *IEEE Trans. on Ind Appl*, 1990, **26**(4): 777~785

45　Wu R. , Dewan S. B. , G. B. Slemon. A PWM AC-to-DC converters with fixed switching frequency. *IEEE Trans. on Industrial Application*, 1990, **26**: 880~885

46　Yang Ye, Kazerani M. , Quintana V. H. Modeling, control and implementation of three-phase PWM converters. *IEEE Transactions on Power Electronics*, 2003, **18**(3): 857~864

47　Hiti S. , Boroyevich D. , Cuadros C. Small-signal modeling and control of three-phase PWM converters. *Industry Applications Society Annual Meeting*, 1994, **2**: 1143~1150

48　Hengchun Mao, Dushan Boroyerich, Fred C. Y. Lee. Novel reduced-order small signal model of a three-phase PWM rectifier and its application in control design and system analysis. *IEEE Trans. On Power Electronics*, 1998, **13**(3): 511~521

49　Murali V. S. , Tse C. K, Chow M. H. L. *Small-signal analysis of single-stage cascaded boost-and-buck PFC converters*. 1998, 608~614

50　Blasko V. , Kaura V. A new mathematical model and control of a three-phase ac-dc voltage source converter. *IEEE Trans. on Power Electronic*, 1997, **12**(1): 116~123

51 Green A. W. , Boys J. T. , Gates G. F. 3-phase voltage sourced reversible rectifier. *IEE Proceedings*, 1988, **135**(6): 362~370

52 Stankovic A. M. , Lev-Ari H. Randomized modulation in power electronic converters. *Proceedings of the IEEE*, 2002, **90**(5): 782~799

53 Thomas G. Habetler. A space vector-based rectifier regulator. for AC/DC/AC converters. *IEEE Trans. Power Electron.*, 1993, **8**(1): 30~36

54 毛鸿,吴兆麟. 基于三相 PWM 整流器的无死区空间矢量调制策略. 中国电机工程学报,2001,21(11): 100~104

55 刘平,康勇,陈坚. PWM 整流器的矢量控制. 华中理工大学学报, 2000,**28**(6): 37~39

56 Azeddine Draou, Yukihiko Sato, Teruo Kataoka. A new state feedback based transient control of PWM AC to DC voltage type converters. *IEEE Trans. on Power Electronics*, 1995, **10** (6): 716~724

57 Yan Guo, Xiao Wang, Howard C. Lee, Boon-Teck Ooi. Pole-placement control of voltage-regulated PWM rectifiers through real time multiprocessing. *IEEE Trans. on Industrial Engineering*, 1994, **41**(2): 224~230

58 Jong-WooChoi, Seung-KiSui. New current concept-minimum time current control in the three-phase PWM converter. *IEEE Trans. on Power Electronics*, 1997, **12**(1): 124~131

59 Saetieo S. , Torrey, D. A. Fuzzy logic control of a space vector PWM current regulator for three phase power converters. *Conference Proceedings of Applied Power Electronics Conference and Exposition*, 1997, **2**: 879~885

60 Luis Moran, Ziogas, Phoivos D. Joos Geza. Design aspects of synchronous PWM rectifier-inverter systems under unbalanced

input voltage conditions. *IEEE Trans. on Industrial Application*，1992，**28**(6)：1286~1293

61　Song Hong-seok, Kwanghee Nam. Dual current control scheme for PWM converter under unbalanced input voltage conditions. *IEEE Transactions on Industrial Electronics*，1999，**46**(5)：953~959

62　Kolar J. W., Drofenik U., Minibock J., Ertl H. A new concept for minimizing high-frequency common-mode EMI of three-phase PWM rectifier systems keeping high utilization of the output voltage. *Applied Power Electronics Conference and Exposition*，2000(1)：519~527

63　Shibashis Bhowmik, Annabelle van Zyl, René Spee, Johan H. R. Enslin. Sensorless current control for active rectifiers. *IEEE Trans. on Industrial Application*，1997，**33**(3)：765~773

64　王毅,刘树林. 三相电压型 PWM 整流器无电流传感器控制策略研究. 电工技术学报,2001,16(2)：56~60

65　Noguchi T., Tomiki H., Kondo S., Takahashi I. Direct power control of PWM converter without power source voltage sensors. *IEEE Transactions on Industry Applications*，1998，**34**(2)：473~479

66　Tokuo Ohnishi, Kentarou Fujii. Line Voltage Sensorless Three Phase PWM Converter by Tracking Control of Operating Frequency. *Proceedings of the Power Conversion Conference PCC*，1997，**1**：247~252

67　Lee F. C. High-Frequency Quasi-Resonant Converter Technologies. *Proceedings of the IEEE*，1998，**76**(4)：377~390

68　Divan D. M. The Resonant DC Link Converter — A New

Concept in Static Power Conversion. *IEEE Transactions on Industrial Applications*, 1989, **25**(2): 317～325

69 Sato Shinji, Suehiro Yutaka, Nagai Shin-ichiro and Morita Koichi. High Efficiency Soft-switching 3-Phase PWM Rectifier. *INTELEC, International Telecommunications Energy Conference (Proceedings)*, 2000: 453～460

70 陈国呈,谷口胜则等.高功率因数三相软开关 PWM 变流器.电工电能新技术,2001,**20**(2): 10～24

71 R. W. De Doncker, J. P. Lyons. The Auxiliary Resonant Commutated Pole Converter [C]. *IEEE IAS Conf. Rec.*, 1990: 1228～1235

72 Mao Hengchun, F. C. Lee, Zhou Xunwei, Dai Heping. Novel soft switched three-phase voltage source converters with reduced auxiliary switch stresses. *IEEE 27th PESC*, 1996, **1**: 443～448

73 Nakamura H., Murai Y., Lipo T. A. Quasi current resonant DC link AC/AC converter. *IEEE Transactions on Power Electronics*, 1994, **9**(6): 594～600

74 Konishi Y., Baba N., Ishibashi M., Nakaoka M. Three-phase current-fed soft-switching PWM converter with switched capacitor type resonant DC-link. *Seventh International Conference on Power Electronics and Variable Speed Drives*, 1998: 145～151

75 Katsutosi Y., Hideo Y., Mutsuo N. Advanced ZVS-PWM three-phase AC－DC active power converter with new high-frequency transformer-assisted quasi-resonant DC link and its implementation. *15th International Telecommunications Energy Conference*, 1993, **2**: 400～406

76 K. Yurugi, K. Muneto, H. Yonemori, M. Nakaoka. New

space-vector controlled soft-switching three-phase PDM AC/DC converter with unity power factor and sinusoidal line current shaping functions. *14th International Telecommunications Energy Conference*, 1992: 286~293

77　Cho J. G. , Kim H. S. , Cho G. H. Novel soft switching PWM converter using a new parallel resonant DC-link. *22nd Annual IEEE PESC '91 Record*, 1991: 241~247

78　Ferreira J. A. , van Ross A. , van Wyk J. D. A hybrid phase arm power module with nonlinear resonant tank. *Conference Record of the 1990 IEEE Industry Applications Society Annual Meeting*, 1990, **2**: 1679~1685

79　Cheriti A. , Al-Haddad K. , *etc*. A rugged soft commutated PWM inverter for AC drives. *IEEE Transactions on Power Electronics*, 1992, **7**(2): 385~392

80　Yamamoto M. , Hattori S. , *etc*. Three phase voltage-fed space vector modulated soft-switching PFC rectifier with instantaneous power feedback scheme. *Seventh International Conference on Power Electronics and Variable Speed Drives*, 1998: 92~98

81　Vlatkovic V. , Borojevic D. , Lee F. C. , *etc*. A new zero-voltage transition, three-phase PWM rectifier/inverter circuit. *24th Annual IEEE Power Electronics Specialists Conference*, 1993: 868~873

82　Wu Jia, Lee F. C. , *etc*. A 100 kW high-performance PWM rectifier with a ZCT soft-switching technique. *IEEE Transactions on Power Electronics*, 2003, **28**(6): 1302~1308

83　Mao Hengchun, Lee F. C. , Zhou Xunwei, Dai Heping. Novel soft switched three -phase voltage source converters with reduced auxiliary switch stresses. *27th Annual IEEE PESC*

'96 Record，1996，**1**：443～448

84 Shinji Sato，Yutaka Suehiro，Nagai Shin-ichiro and Morita Koichi. High Efficiency Soft-switching 3-Phase PWM Rectifier. *International Telecommunications Energy Conference（Proceedings）*，2000：453～460

85 Chen Shaotang，Lipo T. A. A Passively Clamped Resonant DC Link Inverter. *IEEE IAS Conference Record*，1994，**2**：841～848

86 Chen S.，Cardoso Filho B. J.，Lipo T. A. Design and implementation of a passively clamped quasi resonant DC link inverter. *Conference Record of the 1995 IEEE Industry Applications Conference*，1995，**3**：2387～2392

87 Venkataramanan G.，Divan D. Pulse Width Modulation With Resonant DC Link Converters. *IEEE Transactions on Industry Applications*，1993，**29**(1)：113～120

88 Petterteig，G. Torvetjonn，T. Undeland. Realization of a multiple resonant DC-link converter. *Conference Record of the 1992 IEEE*，1992，**1**：986～993

89 Malesani Lui，Tenti Paolo，Tomasin Psolo，Vanni Toigo. High Efficiency Quasi-Resonant DC Link Three-Phase Power Inverter for Full-Range PWM. *IEEE Transactions on Applications*，1995，**31**(1)：141～148

90 長井真一郎，佐藤伸二等. 高効率、低ノイズリンクDC共振三相インバータと換流制御. 電気学会論文誌 D，2000，120（3）：417～422

91 長井真一郎，佐藤伸二. 共振形三相インバータ. 平成 13 年電気学会産業応用部門大会論文誌，2001，1365～1368

92 Li Qiong，Zhou Xunwei，Lee F. C. A novel ZVT three-phase rectifier/inverter with reduced auxiliary switch stresses and

losses. IEEE 27th PESC，1996，**1**：23～27

93 王兆安,刘进军.电力电子装置谐波抑制及无功补偿技术的发展.电力电子技术,1997,13(1)：100～104

94 黄立培,孙凯,邓毅晟,孙宇平.交流调速用三相—三相矩阵变换器的研究.2003 台达电力电子新技术研讨会论文集,2003, 264～271

95 阮新波,严仰光.软开关 PWM 三电平直流变换器.电工技术学报,2000,15(6)：28～34

96 冯波,徐德鸿.1 kW 最小电压有源箝位 PFC 变换器.2003 台达电力电子新技术研讨会论文集,2003,310～316

97 陈坚,戴珂,王归新等.双变流器串—并联补偿式 UPS 研究. 2002 台达电力电子新技术研会论文集,2002,94～104

98 毛鸿,吴兆麟等.三相电压型 PWM 整流器无电流传感器控制策略研究.电工技术学报,2001,16(2)：56～60

99 明正峰,钟彦儒,宁耀斌,金舜等.软开关技术三相 PWM 逆变器及效率的分析研究.电工技术学报,2003,18(4)：30～34

100 林国庆,张冠生,陈为,黄是鹏.新型 ZVT 软开关 PWM Boost 变换器的研究.电工技术学报,2000,15(3)：44～46

101 陈国呈,孙承波,张凌岚.一种新颖的零电压开关谐振直流环节逆变器的电路分析.电工技术学报,2001,16(4)：50～55

102 Wei Dong, Jae-Young Choi, Lee, F. C., Boroyevich, D., Lai, J. Comprehensive evaluation of auxiliary resonant commutated pole inverter for electric vehicle applications. *Power Electronics Specialists Conference*, 2001, **2**：625～630

致 谢

今日掩卷，匆匆已三载有余，回顾往事，忙碌只疑于旦夕之间. 读博期间，夜以继日，不畏严寒酷暑，不知食之甘味，在艰苦奋斗中，唯有坚持两字，唯有收获之蔚然. 虽目前工作暂告结束，仍有后续工作待继续努力.

值此论文完成之际，衷心感谢导师陈国呈教授. 陈老师渊博的学识、严谨的治学风范、精益求精的作风、正直磊落的胸怀及三年多来言传身教，使我终身获益. 陈老师数十年如一日，不分节假日，早出晚归，孜孜不倦，默默辛苦耕耘，淡泊名利，求真务实，执着于学问以及高效率的工作，令我耳濡目染、行有师从、再次受到潜移默化的影响. 导师的谆谆教诲、良苦用心和表率作用，不仅使我学识上日益长进，更让我领悟了做人做事的道理.

在课题研究过程中，上海新源变频电器股份有限公司为我们实验提供了良好的环境条件，并给予生活上许多关心和帮助，在此特向董事长陈柏金先生、董事张晓钟先生、总经理郑锡根先生、荣亦诚教授等领导以及公司的员工表示诚挚的谢意.

真诚感谢新源变频电器股份有限公司总工程师、博士研究生孙承波同学、博士研究生许春雨同学，每每与他们一起探讨问题时，他们扎实理论知识、动手能力及工作经验让我受到启迪，使项目研发工作进展顺利. 感谢上海大学老师陈德坤副教授，博士李晓刚、邓璐娟老师、侯维岩老师，博士研究生王晓红、宋磊、马文锁老师、陈春根、宋文祥、赵江铭,硕士张凌岚、沈俊、宋国军,硕士研究生孙慧祥、束满堂、丁肖宇,社区苏华芳老师以及其他良师益友.特此向他们致以由衷的谢意.

最后,衷心感谢我的父母、家人及亲朋好友多年来对我的关爱、理解与支持,在此向他们表达我的无限感激之情.

屈克庆

2004 年 9 月于上海大学